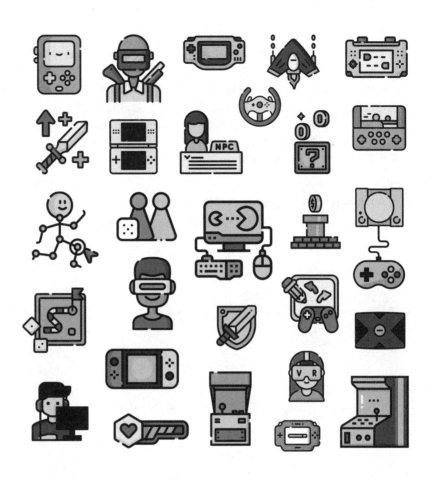

游戏企划

GAME PLANNING

何俊　编著

U0214889

清华大学出版社
北京

内 容 简 介

　　《游戏企划》以项目流程的方式深入浅出地介绍了一个完整的游戏企划内容体系，讲授如何创造和改进游戏企划设计，让游戏产品更加有趣。全书通过 12 章模块式学习，介绍游戏的体验美学、游戏企划者的必备技能，游戏的创意方法、玩家、游戏机制、游戏故事、游戏角色设定、游戏世界的空间设计、人机界面设计、游戏策划文案、迭代改良，以及游戏设计师的责任等专业内容，从不同角度阐述游戏给予玩家的体验和构建游戏机制的方法。通过剖析成功的游戏案例，探讨游戏平衡机制、系统架构、关卡设计等议题，使读者轻松而深刻地体会游戏设计的黄金法则，掌握游戏设计的基本原则。本书配有习题、同步 PPT、教学大纲等教学资源，适合作为高等院校游戏设计专业教材，也可供从事游戏相关工作人员阅读参考。

图书在版编目（CIP）数据

游戏企划 / 何俊编著. —北京：清华大学出版社，2025.1
ISBN 978-7-302-56803-2

Ⅰ.①游… Ⅱ.①何 Ⅲ.①游戏程序—程序设计 Ⅳ.① TP317.6

中国版本图书馆 CIP 数据核字（2020）第 217741 号

责任编辑：王　琳
封面设计：何　俊
责任校对：王荣静
责任印制：丛怀宇

出版发行：清华大学出版社
　　网　　　址：https://www.tup.com.cn，https://www.wqxuetang.com
　　地　　　址：北京清华大学学研大厦 A 座　　　　邮　　编：100084
　　社 总 机：010-83470000　　　　　　　　　　　邮　　购：010-62786544
　　投稿与读者服务：010-62776969，c-service@tup.tsinghua.edu.cn
　　质量反馈：010-62772015，zhiliang@tup.tsinghua.edu.cn
印 装 者：小森印刷霸州有限公司
经　　销：全国新华书店
开　　本：185mm×260mm　　　印　　张：12.25　　字　　数：335 千字
版　　次：2025 年 1 月第 1 版　　　　　　印　　次：2025 年 1 月第 1 次印刷
定　　价：59.80 元

产品编号：076835-01

前　言

党的二十大报告中明确提出"推进文化自信自强，铸就社会主义文化新辉煌"。增强文化自信在新时代具有重大意义。文化自信是一个国家、一个民族发展中更基本、更深沉、更持久的力量。坚定文化自信，能够为中华民族伟大复兴筑牢坚实的文化根基，以社会主义核心价值观为引领，发展社会主义先进文化，弘扬革命文化，传承中华优秀传统文化，满足人民日益增长的精神文化需求。加强游戏作品设计对于传承和弘扬优秀文化、满足人民精神文化需求、推动游戏产业健康发展以及促进文化交流与传播都具有至关重要的意义。我们应充分认识到游戏作品在文化建设中的重要作用，不断提升游戏作品的设计水平，创作出更多具有文化内涵和艺术价值的优秀游戏作品，推动中华文化更好地走向世界。

《游戏企划》的编写正是基于这样的背景和需求，通过深入探讨游戏故事创作、角色设计、游戏机制、游戏世界构建到玩家体验提升等多个方面，本书旨在为读者揭示游戏企划如何为游戏设计带来创新性的变革。同时也关注游戏设计师的伦理和责任，探讨如何在保障玩家权益的同时推动健康游戏文化的发展。

在全球游戏产业快速发展的今天，我们迫切需要重新定义游戏设计专业的教育目标和内容。《游戏企划》不仅是一本教材，更寄托了对游戏设计师教育和行业发展的期许。通过本书，我们希望能够激发游戏设计专业学生的创造力和创新能力，为他们提供游戏企划必备的知识和技能，最终培养出能够推动社会文化发展的游戏设计人才。在这个科技技术不断进步的时代，让我们共同来探索和创造游戏设计和策划的未来。本书知识体系借鉴了国内外知名游戏设计专业人士的理念和经验，对优秀的游戏产品案例进行了剖析，符合实际教学经验和学生认知水平。本书将对游戏设计专业课程在策划与创新上的不足起到及时的补充作用，改善通常以技能为导向的游戏设计专业传统教学，对于高水平、综合性地建设游戏设计专业有着重要的意义。

特别感谢厦门工学院郑婕老师，厦门海洋大学郝文远老师，西安财经大学尚炯利老师、许青青老师，厦门华厦学院郑帅老师，上海工程技术大学许雪花老师，厦门南洋职业学院张楠老师等参与编写工作，并提供了大量的参考资料。感谢福州大学数字媒体艺术专业研究生黄敏敏、颜婵媛、刘思远、陈卿锐、史彬孺、林晴云、方馨、李杨、杨亮、邱靖淇等同学对本教材所做的资料整理、图片优化、校对等工作。

编著者

2024 年 9 月

目 录

第1章　游戏的体验美学 ▶▶ 1

1.1　游戏为什么有趣 / 1
1.2　游戏的定义 / 2
1.3　游戏的分类 / 4
1.4　游戏创造出的体验 / 6
思考与练习 / 7

第2章　游戏企划者的必备技能 ▶▶ 9

2.1　游戏企划者的综合能力 / 9
2.2　倾听的能力 / 10
2.3　真正的天赋 / 11
思考与练习 / 12

第3章　游戏的创意方法 ▶▶ 13

3.1　捕捉灵感 / 13
3.2　潜意识 / 15
3.3　表达问题 / 18
3.4　头脑风暴 / 19
思考与练习 / 22

第4章　玩　家 ▶▶ 25

4.1　认识你的玩家 / 25
4.2　玩家头脑中的体验 / 31
4.3　兴趣曲线 / 40
4.4　玩家社区 / 43
思考与练习 / 47

第5章　游戏机制 ▶▶ 49

5.1　什么是游戏机制 / 49
5.2　游戏机制的平衡 / 57
5.3　机制引发的问题 / 67
思考与练习 / 68

第6章　游戏故事 ▶▶ 69

6.1　游戏故事的世界观 / 69
6.2　交互式游戏故事 / 77
6.3　游戏结构控制故事体验 / 80
思考与练习 / 85

第7章　游戏角色设定 ▶▶ 87

7.1　玩家的化身 / 87
7.2　游戏角色的功能 / 90
7.3　游戏角色设定方法 / 92
思考与练习 / 97

第8章　游戏世界的空间设计 ▶▶ 99

8.1　游戏空间设计的目的 / 99
8.2　虚拟的空间建筑 / 106
8.3　关卡设计 / 110
8.4　游戏空间的美感 / 120
思考与练习 / 123

目　录

第9章　人机界面设计 ▶▶ 125

9.1　输入与输出 / 125

9.2　人机交互（HCI）三大原则 / 125

9.3　及时反馈 / 126

9.4　游戏界面设计技巧　132

思考与练习 / 135

第10章　游戏策划文案 ▶▶ 137

10.1　游戏策划书的制作格式 / 137

10.2　可行性分析报告 / 140

10.3　项目计划 / 141

10.4　开发费用预算 / 142

10.5　游戏开发设计文档 / 144

10.6　团队交流 / 147

思考与练习 / 150

第11章　迭代改良 ▶▶ 151

11.1　原型制作 / 151

11.2　高效率研发技巧 / 154

11.3　循环 / 158

11.4　游戏测试 / 162

思考与练习 / 170

第12章　游戏设计师的责任 ▶▶ 173

12.1　游戏是一把双刃剑 / 173

12.2　游戏企划者的责任 / 183

12.3　改变世界 / 184

思考与练习 / 186

参考文献 ▶▶ 188

第1章
游戏的体验美学

游戏策划人是游戏的创造者。任何游戏的体验都依托于人类的感性认知，是一种相同体验者之间能达成共识的抽象概念。在游戏设计这个行业出现的初期阶段，使用"乐趣"这个词就足以形容游戏设计的目标了。随着游戏设计行业的不断发展和进一步成熟，"乐趣"这个关键词慢慢地被更多具有明确指向的关键词所替代，例如，体验、情感、沉浸感、心流状态等。然而，这些关键词实际上只是游戏设计的热词。这些关键词与游戏设计之间到底什么关系，似乎所有的游戏设计师还不能达成共识。在一般情况下，人们之所以喜欢某种艺术形式，是因为这种艺术形式或艺术形式的表达内容能给人带来某种思想上的共鸣或情感上的体验和宣泄。而游戏的体验美学通常指玩家对于游戏的感知和情感体验，或者是玩家对于游戏内外的感受。本章中我们不会阐述另一种有限定性的名词的定义，而是通过分析，说明一种可以映射游戏玩家的"游戏体验模型"。在理想情况下，游戏设计师采用这种"游戏体验模型"（见图1-1）可以设计出更好的影响游戏体验的机制和玩法。

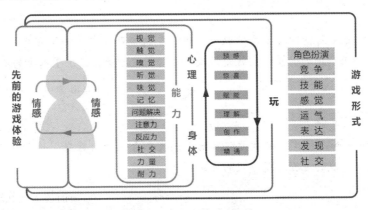

图 1-1　游戏体验模型

1.1　游戏为什么有趣

从游戏设计师的角度看，如何让游戏变得有趣取决于游戏的机制，而游戏机制与玩家能力直接相关。我们的能力可以宽泛地分为身体的和心理的两个大类。其中，身体的能力包括五感、协调、力量和耐力；心理的能力包括记忆、联想、概念形成、模式识别、语言、注意力、洞察力、问题解决和想象力。

游戏体验模型的另一个方面是理解游戏状态。游戏设计文献经常借用"流状态"的概念，说到底就是在无聊和受挫之间取得平衡。从游戏设计师的角度看，这一点应该是很明显的。游戏体验模型识别了几种会随着游戏波动的状态。在游戏过程中，为了让游戏持续给玩家提供乐趣，游戏应该让玩家在不同的时间段内感受到六种状态。如果其中一种状态缺失或难以获得，那么游戏就很有可能变得无聊或令人受挫。这六种状态包括预感、理解、赋能、惊喜、沉着和精通。

所有游戏的基础都形成于几种游戏原型——竞赛、技能、角色扮演、运气、感觉、表达、发现、社交和解谜。这些原型对游戏体验的重要性体现在它们能刺激玩家使用不同的能力。

1.2 游戏的定义

游戏是一种广泛存在的社会生活现象，在大街小巷我们到处可见玩耍的儿童。有了人类就有了游戏，游戏随着人类社会的持续进步而不断发展，人们从不同的角度关注着游戏的行为，许多心理学家、教育学家和哲学家都提出了自己的游戏理论。由于他们研究的角度和对象不同，因此对游戏本质有各种不同的解释。又由于他们所处的时代和心理学发展水平不同，因而形成了不同学派的各种游戏定义。

各种游戏定义

"游戏是一切幼子（动物和人）的生活和能力跳跃需要而产生的有意识的模拟活动。"

——柏拉图 / 约公元前 427—公元前 347 年

"游戏是劳作后休息消遣的一种行为活动。"

——亚里士多德 / 公元前 384—公元前 322 年

"人类在生活中要受到精神与物质的双重束缚，在这些束缚中失去了理想和自由，于是人们利用剩余的精神创造一个自由的世界，它就是游戏。这种创造活动，产生于人类的本能。"

——弗里德里希·席勒 /1759—1805 年

"人类在完成维持和延续生命的主要任务后，还有剩余的精力存在，这种精力的发泄。游戏本身没有功利性目的，游戏的过程就是游戏的目的。"

——赫伯特·斯宾塞 /1820—1903 年

"被压抑欲望的一种替代行为。'游戏能使儿童得以逃避现实生活中的紧张、约束，为儿童提供一条安全的途径来发泄情感，减少忧虑，发展自我力量，以实现现实生活中不能实现的冲动和欲望，使心理得到补偿。'"

——西格蒙德·弗洛伊德 /1856—1939 年

"游戏不是没有目的的活动，游戏并非与实际生活没有关联。游戏是为了将来面临生活的一种准备活动。"

——卡尔·谷鲁斯 /1861—1946 年

"游戏承担文化的社会性活动，并通过游戏学习技能与社会运转规则。"

——约翰·赫伊津哈 /1872—1945 年

"游戏是松散的，无法定义的，各种游戏之间的联系只是'家族的相似性'。"

——路德维希·维特根斯坦/1889—1951 年

"游戏是一种身体的过程与社会性的过程同步的企图，游戏可以降低焦虑，使愿望得到补偿性的满足。"

——爱利克·埃里克森/1902—1994 年

"玩游戏，'自愿尝试不必要的障碍'。"

——伯纳德·苏茨/1929—2003 年

综合以上定义，我们可以发现游戏的两个最基本的特性——"快感"和"障碍"。直接获得快感（包括生理和心理上获得快感）与刺激方式及刺激程度有着直接联系。哲学家伯纳德·苏茨对游戏下了一个定义：玩游戏，就是自愿尝试克服种种不必要的障碍。很显然，不同类型的游戏设置了不同规则和目标来让游戏中的任务变得更有挑战性，以此来吸引玩家。

让人着迷的游戏都具备目标、规则、反馈、自愿参与 4 个基本特征。诱人的"目标"吸引玩家的注意力和兴趣；"规则"旨在实现目标的过程中设置重重障碍来增加游戏的可玩性；及时的"反馈"告诉玩家距离目标还有多远，给人们继续玩下去的动力；"自愿参与"则是玩家自愿了解游戏的目标规则和反馈，来去自由，最后主动挑战障碍。

我们总结出游戏的特征如下（图 1-2）：

图 1-2　游戏的特征

（1）游戏是自愿参与的；

（2）游戏有着各种目标；

（3）游戏里存在冲突；

（4）游戏有着各种规则；

（5）游戏是交互式的体验；

（6）游戏能产生内在价值；

（7）游戏能吸引玩家；

（8）游戏有着良好的即时反馈。

想想身边的各种经典游戏，以游戏《植物大战僵尸》（见图1-3）为例：目标是阻止僵尸进攻吃掉我们；规则是种植有各种功能的抵御性植物和通过太阳来栽种新的植物，还有各种形态各异功能各异的僵尸；反馈则是被消灭的僵尸，收集得到更多的阳光，扩张的植物军团，甚至有些僵尸身体的变化等。这些让游戏充满乐趣，我们会为了一个目标，在规则下设计各种策略，这就是游戏让玩家自愿参与的魅力。

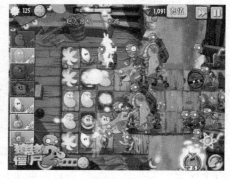

图1-3 《植物大战僵尸》截图

1.3 游戏的分类

游戏可按游戏方式分类，即按游戏玩法来分类。

这种分类法，是根据游戏为了满足某一目的而使用的不同表现方法来区分的。游戏方式分类法具有清晰、客观的特点，是当今游戏最主要、最普遍的分类途径。

游戏方式分类法也在近几年游戏的发展中逐渐改变。最早，受到电子设备运算能力的制约，电子游戏非常简单，所以分类也少。随着游戏机和个人电脑运算能力的进步，电子游戏画面的效果不断增强，出现大量新兴的3D游戏，开始了以射击游戏为主的游戏类型分离，很多小类游戏发展壮大从大类分离并独立。近年来游戏内容更加丰富，不同种类的游戏之间玩法和内容有重叠和交叉。单类游戏逐渐消失，取而代之的是含有多种特点的大型游戏，于是各种游戏的类别又有合并的趋势。本节为了更清晰地展现各个类型的关系（见图1-4），也对一级目录的分类进行了缩编。注意：如今已经没有非常单纯的单一类型游戏，大多数游戏都有两三种游戏类型。

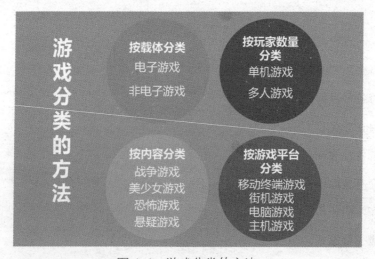

图1-4 游戏分类的方法

按游戏内容：按照游戏内部元素来分类十分直观，能够迅速框定游戏范围。例如：战争游戏、美少女游戏、恐怖游戏、悬疑游戏等，如图1-5所示。但由于游戏内容有很多区分，导致这种类别的分类项数庞大，仅以辅助的分类形式出现。

图1-5　《红色警戒Ⅱ》《恐龙快打》《王者荣耀》《魔兽世界》游戏截图

按游戏载体：依照载体区分，游戏可分为电子游戏、非电子游戏。因为游戏除了指代电子游戏外，还可以指代诸如棋牌类运动以及沙狐球等这类基于现实的游戏。

按游戏平台的不同电子游戏可以分为以下4种。

- 街机游戏（使用大型游戏机进行游玩的游戏）。
- 主机游戏（利用家庭用游戏主机进行游玩的游戏）。
- 电脑游戏（使用PC和其他运算计算机进行游玩的游戏）。
- 移动终端游戏（使用掌上游戏机或手机进行游玩的游戏）。

按玩家数量：依照玩家人数可以分为单机游戏（Singe-Player Game）和多人游戏（Muti-Player Game）。单机游戏是只具有单机游戏功能的游戏代称，少数带有一机多人的游戏功能。仅早期游戏如此，现今的游戏大多都带有完备的多人联机功能。带有多人联机功能（尤其是当联机功能十分完备时），就不能再称之为单机游戏。多人游戏是具备多人联机功能的游戏总称。很多多人联机游戏具有单机对战功能，对于大多数的多人联机游戏而言，不会使用免费游戏运营策略。它还包含网络游戏（Online Game），玩家可以与其他玩家联系的多人在线游戏，大多数都没有单机游戏功能。而随着亚洲式收费模式的网络游戏发展，大多数网络游戏是免费游戏（Free to Play）并内置收费的游戏道具。大型多人在线游戏（Massive Multiplayer Online Game）指多人游戏的服务器上可以提供大量玩家同时在线的游戏。

1.4　游戏创造出的体验

要学习游戏如何创造出体验，必须先了解游戏是由哪些元素组成的。这是人类探知未知事物的第一个问题："这是什么做的？"我们经常听到学龄前儿童在了解自己未知事物的时候这样询问自己的父母。

"爸爸，汽车是什么做的？""它是金属做的。"

这样的回答，对于学龄前儿童来说是一个符合其认知过程的合理回答。但是随着孩子的成长，父母不能再用一个简单的概念去回答问题，而是要详细告诉孩子事物的组成有哪些元素。他会了解到一个汽车玩具，不仅有钢铁做的外形和零部件，还有橡胶做的轮胎和塑料做的内饰。

游戏是由机制、故事、美感、技术四元素组成（见图1-6）。

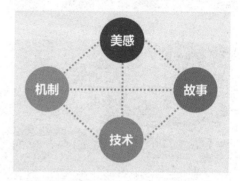

图1-6　游戏的四元素

机制：机制是指游戏的过程和规则。用来表述游戏中的目标，定义玩家在尝试达到目标的过程中能做的和不能做的事，以及当玩家尝试去做这些事情时会发生的结果。如果把游戏和非交互型体验（书籍、电视、电影等）进行比较，我们会发现非交互型体验中也包含技术、故事和美感这些元素，但是它们完全不包含机制这一元素，正是丰富的机制让游戏成为一个游戏（见图1-7）。

故事：故事是在游戏中逐步展开的事件，它可能是线性的、预设的、多线性的，或者是随机的。当游戏设计师希望在游戏过程中阐述故事时，需要使用各种机制来强化故事，让玩家在游戏中的行为触发故事的发生和进行，并且需要用美感来加强说明故事中的各种概念。

美感：美感是游戏在视觉、听觉、嗅觉和感觉的表现。美感是游戏设计中非常重要的元素，它是影响游戏玩家的体验的重要因素。当游戏希望让玩家体验和沉浸在某种氛围中的时候，不只是用美感来表现，还要利用美感来放大和强化玩家的体验。图1-8所示为游戏《纪念碑谷》中的插画设计。

技术：让游戏变得可行的材料和交互方法。比如塑料棋子、沙包、纸和笔。游戏设计师为游戏所挑选的技术会让玩家在游戏过程中能做某些事和不能做某些事。技术的本质是美感元素的平台，是机制的媒介，是故事的表述手段。

图1-7　《魔兽世界编年史》

游戏组成四元素相辅相成，没有哪个元素更为重要。作为游戏设计的初学者而言，因为游戏的美感元素更为直观，更容易看到，而技术元素往往隐藏，玩家不可见，所以很多人往往注重美感而忽略了技术。但是缺少或者忽略任何元素都无法构建出完整的游戏体验。

无论设计什么游戏，我们都要对这四元素做出重要的考量。每种元素都会强烈地影响到其他元素的表现。但是在游戏开发的过程中，很多游戏设计者并不是平等的对待这四元素，美术人员会认为美感最为重要，而程序员会认为技术最为重要，文案策划则会认为故事最为重要。作为一个合格的游戏设计师，应该具备

图 1-8 《纪念碑谷》游戏界面

协调这些元素的能力，合理调配四元素模块。如何创造出符合游戏自身希望达到的游戏体验才是需要深度研究的。

在深度学习之前，我们要澄清一个概念，游戏不等同于体验。游戏只能产生体验，但是游戏并不是体验本身。这个概念需要用哲学的思维才能深度理解。我们举一个简单例子来解释一下这概念："教室的门被大风刮得关起来了，没有人在教室里，门关起来的时候还会有声音吗？"大多数人的回答是门照样发出声音。我们从不同的角度去看待"声音"就会有不同的答案，假如我们对"声音"的定义是空气分子的振动，那答案仍然是肯定的，不管有没有人在教室里，门撞击后肯定会引起空气分子的振动。但是假如我们对"声音"的定义是听到声音的体验，那么答案就是否定的，因为没有人在教室里，所以门没有发出声音。作为游戏设计师，我们关注的并不是那扇门，也不用关心风是如何刮的，我们只会关心听到这个过程的体验，这扇门只是到达这一体验的一种手段。

游戏设计师只会去关注那些"看来好像会"存在的东西。玩家玩的游戏是真实存在的，而体验是虚构的，但游戏设计师是由这种虚构事物的质量来判断游戏的好坏。我们会在第三章深入解析玩家是如何产生游戏体验的，这样才能设计出符合玩家需要的游戏体验。

思考与练习

围绕游戏的体验美学、游戏的定义、游戏的特征及游戏的元素，让我们一起进行以下深入的思考与练习：

1. 游戏的有趣性探究

根据本章内容，阐述为什么游戏会让人感到有趣。重点说明游戏的机制如何与玩家的身体和心理能力相关联，以及这对游戏设计有何启示。

2. 游戏特征的应用分析

回顾游戏的八大特征，选择一款你熟悉的游戏，详细分析它是如何体现这八大特征的。

3. 游戏元素的协同作用

从游戏设计师的角度，讨论在设计过程中如何平衡和协调这四种元素，以实现预期的玩家体验。

4. 游戏与体验的关系

作为游戏设计师，应如何通过设计手段，将真实存在的游戏转化为玩家的主观体验？

5. 游戏体验模型的应用

思考游戏原型（竞赛、技能、角色扮演、运气等）对玩家体验的重要性，以及如何在游戏中运用这些原型来刺激玩家的不同能力。

通过这些思考与练习，你将更加深入地理解游戏的体验美学、定义、特征和元素，为未来的游戏设计或分析奠定坚实的理论基础。

第 2 章
游戏企划者的必备技能

很多人学习游戏设计是因为对于游戏的喜爱，曾经或者现在痴迷于某一款游戏。当开始学习游戏相关知识时，你就已经是一名游戏设计师了。你现在可能对游戏专业知识的了解还不足，没有问题，本书将慢慢引导你像真正的游戏设计师一样去设计游戏。

2.1 游戏企划者的综合能力

游戏设计师需要哪些知识与能力的支撑？答案很简单——所有。几乎任何一项你所擅长的技能都能帮助你成为一名游戏设计师。

下面了解一些基本的知识与能力领域。

表 2-1 游戏设计师所涉及的知识与能力领域

动画 Animation	大多数电子游戏中都有角色的设计，动画是为游戏角色赋予生命的艺术。优秀的角色动画设计专业能力能让你开启更明智的游戏设计创意的大门。
人类学 Anthropology	需要不断学习不同受众群体的天生习性，努力去找出受众内心的需求，如此才能让你的游戏满足玩家的欲望。
建筑学 Architecture	游戏中的场景需要设计，你的使命比设计一般建筑要伟大——你要设计的是整个城市，甚至整个世界。
头脑风暴 Brainstorming	需要不断有大量的想法，筛选出有趣的创意，并最后优化出创意的表现。
商业 Business	游戏产业是一种商业行为，了解游戏如何获利，你才有机会做出成就你梦想的游戏。
电影学 Cinematography	如果想传达出一种在情感上具有吸引力的游戏体验，你就必须了解电影艺术，运用镜头的艺术来强化游戏体验。
交流 Communication	你需要和具备所列举的某个领域甚至多个领域技能的人进行沟通交谈，理解团队成员、客户和受众对游戏的各种想法的真正含义。
创意写作 Creative Writing	你需要通过文字表达出整个虚拟的世界，需要表述出居住在游戏世界里的各种人并决定各种在世界里发生的事件。
经济学 Economics	在很多游戏中，各种游戏资源构成了复杂的经济系统，经济学的知识能让你合理地调整游戏中的经济数据。
工程学 Engineering	大多数游戏都涉及复杂的工程原理，大型游戏的代码都是以数百万行来计算的。创新的游戏设计师必须了解每一项技术所带来的强劲动力和潜在不足。
历史 History	不少游戏都基于历史背景构建，即使是在幻想中构建出的游戏，其灵感也是来自历史。
管理 Management	优秀设计师的成功秘密就在于"从基础开始管理"，让一切工作按部就班地完成。
数学 Mathematics	游戏中都充满了数学，包括概率、风险分析和复杂的计分系统，更别提计算机图形和计算机科学背后的数学理论。一个熟练的游戏设计师需要经常地研究数学。

音乐 Music	音乐是灵魂的语言，好的音乐元素能让你的游戏体验更加完美。
心理学 Psychology	游戏的目标是让玩家从中获得快乐，因此你必须了解玩家的内心是如何想的，运用心理学知识可以让你设计的心流体验更加有趣。
公众演讲 Public Speaking	大声地把你的想法告诉别人，有时你的演讲是为了得到别人的意见反馈，有时候你是为了说服这群有才干的人认同你的创意。
声音设计 Sound Design	当我们失去视觉体验的时候，声音是真正能让人相信自己身处某地的重要元素，它能让玩家感受到身临其境。
技术型写作 Technical Writing	你需要编写各种文档来清晰表述你复杂的设计，文档中不能出现任何漏洞，那样会让游戏的研发过程中充满陷阱。
视觉艺术 Visual Arts	人类感知事物 97% 是依靠视觉，你的游戏充满各种图形元素，你必须懂得如何利用它来产生你希望游戏中具备的各种情感。

除此之外还有很多的技能帮助你成为一名优秀的游戏设计师，但是谁能具备游戏设计师所需的所有技能呢？事实上是没有一个游戏设计师能具备所有的技能，尽管每个游戏设计师都有自己的不足和缺陷，但是通过不断和更多领域的专业人士进行学习和交流，其游戏设计的综合能力会不断地提高和刷新。

2.2 倾听的能力

不少人认为最重要的技能是"创意"，或者是"决策力"或者是"交谈"。当然这些技能的确重要，却都不是我们要提及的最重要的技能。

倾听，是一个游戏设计师最应具备的重要能力（图 2-1）。倾听，属于有效沟通的必要部分，以求思想达成一致和感情的通畅。深层次的倾听是指凭借听觉器官接受言语信息，进而通过思维活动达到认知、理解的全过程，包括文字交流等方式。

图 2-1 五类倾听

每个游戏设计师都必须学会全面倾听。倾听团队的意见，倾听受众的感受，倾听游戏的反馈，倾听客户的建议，倾听自己的想法。你可能觉得这有点荒谬，每个人都能做，但是这里说的倾听并不是简单地用耳朵去感知声波，而是更深层次的倾听，一种有计划、有想法的倾听过程。

当老师走在校园里遇见自己的学生，老师会问："嗨！小王，你还好嘛？"

小王同学看上去心情很低落，垂头丧气地回答："嗯，我还好吧。"

到底小王同学怎么了，他话里的"还好吧"是对自己状态的真实表述吗？假如我们只是从表面去听，很可能得到肯定的答案，那就是他很好，没有什么需要老师和别人的帮助。但是，如果我们更深层次地去倾听：注意小王同学的表情和肢体语言。我们得到的结论则可能相反。小王状态并不好，或者有一些学习上的或者生活上的麻烦。考虑到其他因素，小王并不想跟老师沟通。

当仔细倾听的时候，会得到更多你想要的信息，也会产生更多没有想过的问题。"这样对吗？""为什么会这样？""这是玩家想要的设置吗？""既然玩家都不愿意使用，我们需要保留这个功能吗？"……

倾听的英文单词"listen"很有意思，在我们列举出想要的"list"后，当听到别人的回答时，我们要做的是一次次地点头并发出"en"的反馈声音。当我们深入倾听别人的意见的时候，需要接受各种可能性，有的会让我们不舒服，甚至一些是反对我们的声音。

倾听团队　在游戏设计过程中需要团队合作，团队里所有人的技能加在一起就满足了清单中所有的技能。如果我们能深度倾听团队的声音，实现真正畅通的交流，让团队中所有人都感受到自己是整个团队中的一分子，这样团队就能通过共享拥有所有的技能。

倾听受众　玩家是真正去玩游戏的人，如果他们对游戏不满意，那你的游戏就是失败的作品。所以想要了解到底什么能让受众满意的唯一方法就是去深层次地倾听，做到比受众自己还了解他们想要的。

倾听游戏　游戏设计师需要了解游戏的全部。就像工程师听到机器的声音就知道哪里需要检查维修一样。游戏设计师也必须通过倾听游戏的运作来了解游戏哪里有问题。

倾听客户　这里的客户是指游戏的投资者或者发行者。假如你的游戏达不到他们想要的，那么他们的资金和渠道就会被别的游戏抢去。只有通过深层次地倾听客户的意见，游戏设计师才能真正了解他们想要什么。

倾听自己　听起来似乎有点无趣，但是对很多游戏设计师来说这是最难做到的事情。我们会在第 12 章中做深度学习，这会成为你最强有力的并且让你具备创造力的秘密武器。

2.3　真正的天赋

经过前面对游戏设计师的技能分析，也许让你失去了成为一名游戏设计师的信心，甚至打消了从事游戏行业工作的念头，因为一名优秀的游戏设计师有着像超人一样全面的特殊天赋，对于那些成功的游戏设计师来说这些天赋好像与生俱来，你开始怀疑自己。

天赋分两类（见图 2-2），第一类是次要天赋，这类天赋是自身成长过程中慢慢形成的，例如，数学、语言、运动、音乐、美术等。你会毫不费力掌握某项这类天赋，具有相同的此类天赋的人非常多，但是能在此天赋上做出杰出成就的人凤毛麟角。更多的人在自己的天赋上从未做出好成绩，这是因为他们缺少了"主要天赋"。

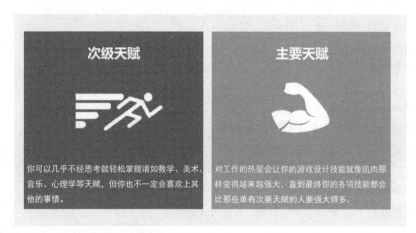

图 2-2　天赋的类别

主要天赋是你对学习和工作的热爱，这样说似乎有点本末倒置。"热爱"这项技能怎么会比其他技能更重要呢？毫无疑问，如果你有热爱设计游戏这项主要天赋，你会用上所有自身所具备的技能并且努力地去设计游戏。你对设计游戏的热爱就像一把利剑，从头至尾贯穿在你设计游戏的过程中，当遇到问题和困难的时候，你会披荆斩棘。经过不断的练习，你的游戏设计技能就像经过锻炼的肌肉一样变得越来越强大，直到你的各项技能都比那些只具备次要天赋的人更强大时，你就会成为"那个真正有天赋的游戏设计师"。当别人认为你天生具备那些次要天赋时，只有你才知道成功的奥秘，那就是你的主要天赋——对游戏设计的热爱。

可能你并不了解自己是否具备"主要天赋"，还不确定自己是否真的热爱设计游戏，或许你开始设计游戏只是因为你喜欢玩游戏。要发现自己是否具备这种"主要天赋"的唯一途径就是在你选择的这条路上坚定地走下去，并审视内心是否慢慢地愉悦起来。

从现在开始，你应该大声并且自豪地告诉别人：我是一名游戏设计师！（见图2-3）。

图2-3 "我是一名游戏设计师！"

思考与练习

围绕游戏企划者的必备技能、倾听的能力以及真正的天赋，让我们一起进行以下深入的思考与练习：

1. 游戏企划者的综合能力探索

思考你感兴趣但尚不熟悉的技能领域，如心理学、经济学、声音设计等，制订一个学习计划，提升这些技能以支持你的游戏设计工作。

2. 倾听的实践与提升

回忆一次与团队成员或他人的沟通经历，分析自己在倾听方面的表现。你是否做到了深层次的倾听？在日常生活或工作中有意识地加强倾听，并记录你的感受和收获。

3. 团队合作中的倾听与沟通

模拟一次与团队成员的沟通场景，重点练习如何有效地倾听和反馈。总结沟通过程中的经验与不足，并提出改进措施。

4. 理解并倾听受众的需求

选择一个目标玩家群体，进行用户需求调研，了解他们对游戏的偏好和期望。分析调研结果，并思考如何在游戏设计中满足或超越这些需求。

5. 主要天赋与热爱的发现

当遇到困难和挫折时，你如何利用热爱来坚持下去？

通过这些思考与练习，你将更加深入地理解游戏企划者所需的综合能力，培养倾听的技巧，发现和巩固自己的天赋。这将为你在游戏设计道路上的发展奠定坚实的基础，帮助你成为一名真正优秀的游戏设计师。

第 3 章
游戏的创意方法

游戏设计师都要去设计一些属于自己的游戏。当这样去做的时候，你或许已经开始设计符合自己想法的游戏了，但是你没有设计出属于自己的并且是你真正想要的游戏。你设计游戏的方法可能是按照这样的步骤：

（1）有一个想法或者创意；

（2）尝试去做一下；

（3）不断修改和测试直到游戏看起来还不错。

这看起来相当简单，几乎人人都会这样去做，实际上真正的游戏设计师也是如此去做的，但是我们需要学习的是，如何尽可能地把每一步都做到最好！

3.1 捕捉灵感

灵感是什么？

创意的开始来自于灵感，那么灵感是什么？

灵感，是人类思维园地里一株瑰丽的神秘花朵，引人瞩目，令人神往。不知有多少学者像探寻宝藏那样孜孜不倦地挖掘，渴望揭开那奥秘。那么，到底什么是灵感呢？简言之，所谓灵感就是由人们的记忆力、想象力和创造思维能力巧妙结合而迸发出来的智慧火花。它常常使创造发明者苦苦思索、久久探求而不得，但在瞬息闪念之间，忽然顿悟，迎刃而解。灵感对发明与创新者是如此富有魅力，以至于古今中外不知有多少诗人、画家、作家、音乐家和科学家、发明家，向她发出过情意缠绵的呼唤和祈求。

俄国作家果戈理就曾这样说过："不要离开我吧！同我一起生活在地上，即使每天只有两个钟头也好。"能获得灵感馈赠的人是幸运的。正如巴斯德所说："机遇只偏爱有准备的头脑。"那么，我们该怎样训练一副"有准备"的头脑（见图3-1）去捕捉灵感呢？

（1）丰富的生活积累。丰富的生活积累是灵感的基础。列夫·托尔斯泰说："真正的艺术作品，只偶尔在艺术家的心灵中产生，那是从他所经过的生活中得来的果实，正像母亲怀胎一样。"里布特认为："灵感是由充裕的材料所积累起来的经验和知识的升华。"诗人郭小川指出："最重要的是积累。生活、形象、思想、语言都要积累。像仓库一样，有了它，在受到某一触动之后，就会俯拾皆是。"你要捕捉灵感吗？请用勤奋获得知识，在实践中积累经验吧！

图 3-1　有准备的头脑

（2）敏锐的观察。眼睛是心灵的窗户，观察是认识世界的基本方式。精密敏锐的观察力是认识宏观世界和微观世界、发现新事物的出发点。当探索的目光投向周围世界时，捕捉意外，把握机遇，正是灵感闪光的大好时机。牛顿看到苹果落地的情景时，灵感突然降临，最终总结出了万有引力定律；巴甫洛夫从狗看到食物时嘴流涎水受到启发，提出了条件反射学说；莱特兄弟从飞鸟和一架装有螺旋桨的玩具受到启发，创造制作了世界上第一架飞机；魏格纳从凝视一幅世界地图引发了丰富的联想：为什么美洲东海岸的海岸线形状与非洲大陆西海岸的海岸线形状如此吻合？难道这两块大陆曾经是连在一起的吗？于是，他提出了轰动世界的"大陆漂移假说"。

（3）广泛的兴趣。求知欲、好奇心和兴趣都是探求新事物的原动力，但相比起来，兴趣具有更强的自觉性和持久性。正如爱因斯坦所说的："有许多人所以爱好科学，是因为科学给他们以超乎常人的智力上的快感。科学是自己的特殊娱乐，他们在这种娱乐中，寻找生动活泼的经验和雄心壮志的满足。"浓烈的兴趣往往使人在研究中达到乐而忘返、如痴似迷，乃至废寝忘食的程度，由此可见它对人们的创造活动的激发和巨大推动作用。对于创造活动来说，兴趣愈广泛，接触面愈宽阔，获得的信息量就愈大，创新的机遇就愈多。歌德不仅是一个伟大的诗人，而且对植物学、动物学、解剖学、生理学、物理学都有深入的研究。巴尔扎克在巨著《人间喜剧》中所阐明和描写的经济细节，胜过了那个时代所有的专家（历史学家、经济学家、统计学家）的专著。这说明兴趣广泛、视野开阔、博览群书，能够使人从多方面受到启迪，促进创造性思维的焕发。

（4）充分的准备。古人云："凡事预则立，不预则废。"充分做好准备是及时捕捉灵感的先决条件。所谓准备，一是事先做好大量信息的储备工作，以便思维在进行综合重组时随时加以调用；二是开动思想机器，注意把握灵感来临时的"一闪念"，紧紧抓住它不放；三是平时随身携带纸、笔，一旦灵感突现，立即把它记录下来。总之，灵感是长期创造性劳动的结晶，平时要注意把脑、眼、手三大器官充分调动起来，及早准备，及时捕捉，以便早日叩灵感的殿堂之门。

综上所述，捕捉灵感的必备条件如图 3-2 所示。

图 3-2　捕捉灵感

模仿与灵感

"灵感"在希腊文中的原意是指神明赐予的灵气，或灵气的吸入。在文艺创作上，灵感是创作时的一种神性的着魔，即帮助创作者获得神明的意志，写出优美的诗篇。

柏拉图是古希腊"灵感说"的集大成者，他的"灵感说"比较集中地反映在《伊安》《会饮》《申辩》等多篇的对话中。其实"灵感说"并非柏拉图首创，但柏拉图"灵感说"的启发性在于它第一次深入艺术创作活动的心理王国，艺术只有两种状态，不是创新就是模仿，因为艺术是目前世界上能找到的最能表达个性的方式，而个性是唯一的，不可能重复。

一种很简单的创作方式就是模仿，模仿很容易演变成抄袭，就是把别人的作品换个名或换个方式或换个颜色，最后的目的就是把别人的变成自己的。抄袭从来不超越，抄袭会抹杀创造力，抄袭不可能有思想，而思想只能发展，思想永远无法被抄袭。

模仿与抄袭的区别，与其细讲概念上的不同，不如说是在游戏设计中"有想法""无想法"的问题。游戏设计师的创作才能不是与生俱来的，创作灵感也不是自然而然就会闪现出来的，一件好的游戏设计作品，设计师在策划它时必然需要从某种事物上获得灵感。这些事物，有的是传统生活中的玩具，有的是生活中的小游戏，有的是市场上很流行的游戏作品。大家通过讨论现有的游戏作品得到灵感进行创作，或模仿这些作品，本身并不是一件不好的事情。当然，如若在设计中能加入自己的思考，融入自己对于游戏的体悟，是更值得鼓励的。艺术史上，很多艺术家都是从前人作品的模仿和学习中开始了创作，之后慢慢形成属于自己的风格。在游戏设计过程中，也需要对现有游戏作品进行分析和总结并加入自己的看法，从而帮助我们创作出有自己特点的优秀作品。

3.2 潜意识

我们大部分优秀、聪明和有趣的创意往往不是通过有逻辑的分析和有理论依据的过程获得的。真正优秀的创意是随时随地从我们大脑中闪现而过的。从生物学的角度分析，优秀的创意是从我们意识表层下的某个地方产生的，我们把这个地方称为"潜意识"。潜意识的思维是无法用有意识的思维完全理解的，但是它是能激发创造力和创意的无尽源泉。

潜意识，心理学上定义为在人类心理活动中，不能认知或没有认知到的部分，是人们"已经发生，但并未达到意识状态的心理活动过程"。弗洛伊德又将潜意识分为前意识和无意识。我们是无法觉察潜意识的，但它影响意识体验的方式却是最基本的——我们如何看待自己和他人，如何看待我们生活中日常活动的意义，我们所做出的关乎生死的快速判断和决定能力，以及我们本能体验中所采取的行动。潜意识所完成的工作是人类生存和进化过程中不可或缺的一部分。

我们每个人平时在睡觉的时候都会做梦，你的潜意识会在你的梦境中不断创造出各种不符合正常的逻辑的戏剧性事件，每一个梦境都是完全不一样的。大多数人认为做梦是有意义的事，有很多例子是在梦中解决了在现实中一直纠缠不清的问题。

德国化学家柯库尔（见图 3-3）做了很多年的实验，他想了解 6 个碳原子和 6 个氢原子如何构成苯分子，但一直没有找到答案。有一天他睡觉的时候，潜意识突然向他显示：一条蛇在咬自己的尾巴，变成环状。他醒来之后，受梦的启发将碳元素链的首末端相连成环，发现了苯的构造，并因此荣获诺贝尔奖。

图 3-3　柯库尔

以前散弹制作过程很长，须先将铅变成铅线，然后剪成小粒，再将小粒压成小球形，方法既不方便，又不经济。瓦特一直设法改进技术而不得要领。一次，他工作了很长时间，精疲力尽，他停下来休息，不知不觉睡着了并做了一个梦。他梦见自己在大雨中行走，雨落下来之后变成了小铅丸子。瓦特感觉非常奇怪，忍不住模拟梦中所见，将熔化的铅淋入水中，结果创立了新的散弹制作方法。制造弹药的方式在一夜之间发生了革命性的变化。

从某种层面上看，这种潜意识思维是我们思想的一部分；但是从另一个层面上来看，潜意识又是相对独立于我们的思维体系的，我们可以理解成自己的潜意识是另一个人的思维。当然表面上大多数人很难接受这样的解释，因为潜意识和正常的思维是在同一个大脑中运作的。事实上我们鼓励在游戏设计的过程中利用潜意识来帮助你完成设计，它是你自己的秘密武器。

缪斯（希腊文 Μοναι，拉丁文 muses）是古希腊神话中科学、艺术女神的总称，为主神宙斯与记忆女神谟涅摩叙涅所生。缪斯女神的数目不定，有三女神之说，亦有九女神之说。爱神、智慧、音乐、诗歌、戏剧、舞蹈、哲理、天文、数学这9位缪斯女神，人们统称之为缪斯女神（见图3-4）。人们常用缪斯女神象征诗人、诗歌、文学、爱情以及有关艺术的灵感等，演绎出神秘、古典、高贵、自然、浪漫的气息……传说缪斯女神之美不可方物，其源于对自然的崇尚，由植物及花中获得无限美的灵感。

图3-4　缪斯女神

假如我们把创作的潜意识类比作一个人的话，我们每个人心中都有一位缪斯女神。那这位女神会是怎样的一位女神呢？或许你可能在心中有了自己构想的一幅美丽女神的画像，但是大部分人的潜意识都有着一些共同的特质（见图3-5）。

- 无法交谈，至少它是不会跟你聊天的，或者给你留下文字符号，它只会通过意象和情感与你进行交流。
- 容易冲动，它不喜欢提前计划或规划好跟你见面的时间，会随时随地从你大脑中蹦出。
- 情绪化，它会放大你的任何情绪，例如快乐、悲伤、愤怒、恐惧等。
- 贪玩，它对一切不了解或不知晓的事物，永远拥有一颗好奇心。

潜意识是无法用正常的逻辑思维去理解的，它经常会告诉你一些毫无意义的想法。例如，"果园里的树上挂满了食人鲨。""书包里装满了星星。"这些想法对你毫无用处并且让你分心，但是有时候它会是解决问题的另外一种视角。德国化学家柯库尔发现苯分子结构和瓦特发明铅质弹药的事例就是最好的证明。

有时候潜意识好像一个四五岁的小朋友，在你的大脑里上蹿下跳、东闯西撞。如没有正确引导这个小朋友，它可能会夭折。很多人习惯无视潜意识思维的各种建议和暗示，如果你正在参加军训或者理论考试，你对潜意识的无视能让你获得好成绩。但是，如果你正在跟朋友们一起进行头脑风暴的讨论，你的潜意识的建议和暗示会让你变得更加强大。

图3-5　潜意识的特质

如何抓住潜意识以发挥其作用，表现为以下方面（见图3-6）。

抓住潜意识的方法 #1：投入、关注、持续思考

潜意识和你的朋友一样，假如你经常忽略他，那么他就不会再给你任何建议了。假如你一直习惯倾听它，慎重的思考它，并且当你得到一个好的创意的时候感激它，那么它会在你需要建议的时候给你更多的有用的建议。这也是我们在2.2章节中所说的"倾听自己"。那么该如何去倾听一个不会交谈的潜意识呢？你必须做的就是对你的各种想法、感受、情绪和梦境都进行密切的关注，因为这些都是潜意识和你交流的形式。这听起来有点奇怪，但是确实有效——你对潜意识传达的想法投入的关注度越高，相应地，它能为你做的事情就越多。

图 3-6　抓住潜意识的方法

* 假如你在设计一款跑酷游戏，你在不断地思考游戏的场景有哪些，游戏的视角用哪种，突然间你冒出一个想法："假如游戏玩家要逃离的场景是大象的鼻子，那会怎么样？"当然，这个想法很疯狂，然而你觉得它是从哪里冒出来的呢？你也许会觉得这个想法很愚蠢，也许慎重地考虑了这个想法："好吧，如果真的是逃离大象的鼻子，那玩家可能是一只蚂蚁。"当你这么想时，另一个想法也随之而来："大象和蚂蚁的故事是个不错的游戏剧情。"这样第一个想法就不那么愚蠢了，蚂蚁在大象鼻子里跑酷的游戏就显得有点与众不同了。即使最终你没采用这个设计方案，但是你的潜意识得到了尊重，因为你花时间去思考了它的建议。

抓住潜意识的方法 #2：记录你的各种想法

你肯定会在头脑风暴中记录你的各种想法，但是你却很少记录平时突然跳出的想法。人类的记忆就像一个书架，当你想到一个重要创意的时候，如果你不把它写下来，它就好像一本被你随手放到书架上的书，当你需要再次找到它的时候，你就不知道它被放在哪里，但是它确实被你记得并占用了你的记忆空间和精神能量。现在智能手机都有录音功能，对于游戏设计师来说，当一个有趣的想法出现在你脑海里时，你只要对着手机录音说出来，稍后处理并把这些想法抄下来，这样就能积累出大量想法并一直给自己保留一个整洁的思维空间。

抓住潜意识的方法 #3：满足欲望

如果你正在努力为一款射击游戏构想新的创意，但脑海里总是浮现出自助餐或者女朋友跟你分手的情景，又或者是你室友生活上的种种恶习，那你可能想不出什么好的创意，因为这些干扰信息会让你无法集中注意力。马斯洛需求层次理论为此提供了一个很好的指南：假如你没有得到温饱、安全和健康等基本生存需求的时候，脑海里会产生自我满足的欲望。当然，这些未能满足的基础欲望中有的是很危险的，是我们要克制并且不能去满足的，因为当你满足欲望的时候，它们就会像藤蔓一样慢慢地滋生蔓延。世界上有很多富有创意的天才，可能因为他们对潜意识欲望管理不当，导致最后失去了理性的思维。

抓住潜意识的方法 #4：足够的睡眠

睡眠是生命的需要，人不能没有睡眠。充足的睡眠是至关重要的，而不仅仅是小睡一会儿。我们习惯认为睡眠是因为身体疲惫而休息，其实最重要的是让你的大脑休息。我们的睡眠过程是一个

会发生信息分类、归档和重组的奇怪过程。潜意识在睡眠过程中的部分时间里是完全清醒并且处于活跃的状态，所以我们产生了"梦境"。当我们的睡眠不够的时候，潜意识也会偷懒去打盹，在你进行头脑风暴的时候，潜意识对你的创意几乎没有任何贡献。

抓住潜意识的方法 #5：放松自己

大多数人有过这样的经历，在聊天的时候突然要说出某个人的名字，你确实很熟悉这个人，却想不出来这个人的名字，于是你会拍拍脑袋，或者皱紧眉头，努力尝试着想把这个人的名字从自己脑海中逼出来，但还是想不起来。这时候你应该放弃想下去，先聊聊别的东西。几分钟后突然答案就会从你脑海中跳出来了。你认为答案是从哪里来的呢？事实上当你注意力转移到其他事情上的时候，你的潜意识同时还在不断努力地工作，寻找你要的答案，当它找到答案，就会把答案交给你。在这个过程中持续的专注并不一定就能加快潜意识的工作，事实上反而会让过程变慢，就像有人站在你身后并一直催促你完成你的油画时，你是无法正常作画的。你在进行创造性的工作时也是一样，别期望优秀的创意能又快又多地从你的潜意识中冒出来。你应该做的是明确你想解决的问题，答案可能会很快出来，也可能很慢才出来，也可能不出现，但是逼迫自己和持续思考并不能让你想要的答案很快地出现，反而会减慢这个过程。

我们在高考时老师都会传授这样的经验：如果在考试中遇到"不会"解答的题目，先跳过去，做完能解答的题目后再来解答"不会"的题目。这样的考试法宝表面上看是对时间的合理分配，实际上是让你别逼迫自己持续思考，潜意识在这个过程中能帮你很多。

3.3 表达问题

设计的目的是更好地解决问题，游戏设计也不例外，在开始设计游戏之前，我们需要明确为什么做这个游戏，于是表达问题成为一个关键点，好的问题表达能清晰地指出我们的目标和约束。

例如，我们最初的问题是"怎么做出一款大学生喜欢的网页游戏呢？"

这个表达清楚地指出了我们的目标（大学生喜欢的游戏）和约束（基于网页的游戏），可能你一直都想着它是一个"基于网页的游戏"，但是事实上让大学生喜欢一款游戏并不局限于游戏本身，或许可以是一个交互的行为，只要大学生喜欢它就可以。因此，你在一个开始的时候可以用更宽泛的词语来表述问题："如何做出一个大学生喜欢的基于网页的体验？"

表达问题的好坏直接影响解决问题的途径，如果你把问题定义得太宽泛，那你可能提出一些不符合要求的设计；假如你把问题定义得太局限，那你可能把一些更好的解决方案拒之门外。因为你表达问题的时候已经限定了某类解决方案才是你要的，那样更有建设性的想法和方案就在一开始的时候被排除了。

清晰地表达问题具有以下三个优势（见图 3-7）。

（1）**更宽泛的创意空间。** 大部分人看到问题的时候就很快进入了解决方案的制定，假如你的设计过程是从一个问题开始而不是从一个解决方案开始，那你就有一个更宽泛的创意空间，那么你的解决方案会比别人更加优秀。

（2）**更清楚的分析。** 问题本身就要能对各种创意和解决方案进行清晰的评估。

图 3-7　清晰表达问题的三个优势

（3）**更好的交流**。游戏设计师都是一个团队在工作，假如问题已经清晰地表述出来了，团队的交流会容易得多。如果问题表述得不够清晰，大家会按自己的理解去解决一些完全不同的问题，并且大家都不会意识到这一点。

3.4　头脑风暴

你和你的潜意识已经做好准备要设计游戏了，接下来要做的就是最有趣的部分：头脑风暴！

所谓头脑风暴（Brain-storming），最早是精神病理学上的用语，指精神病患者精神错乱的状态；现在则是指无限制的自由联想和讨论，其目的在于帮助新观念的产生或激发创新设想。头脑风暴法又称智力激励法、BS法、自由思考法，是由美国创造学家 A.F. 奥斯本于 1939 年首次提出，并于1953 年正式发表的一种激发性思维的方法。此法经各国创造学研究者的实践和发展，已经形成了一个发明技法群，如奥斯本智力激励法、默写式智力激励法、卡片式智力激励法，等等。

当创意来临时是很有趣的，但是怎么都想不出好的创意也是很可怕的事！下面我们要介绍确保创意出现的方法，图 3-8 所示为头脑风暴的技巧。

图 3-8　头脑风暴的技巧

头脑风暴的技巧 #1：写下答案

你已经清晰地表述了问题，当你有答案时马上写下你的答案。答案不会是唯一的，你无法确保最后一个答案就是最佳的创意。我们的记忆是糟糕的，在头脑风暴的过程中你会把大量的创意进行重组，当你头脑中产生一堆没有关联的想法时，它们会拥挤在你的大脑里，并且阻碍新的想法产生。写下每一个从你头脑里冒出的愚蠢想法，你要把这些愚蠢的想法从头脑里清出来，有时候愚蠢的想法会是一个天才创意的灵感来源。所以尽量倒出你的想法，给新的创意留出更大的空间。

头脑风暴的技巧 #2：记录

随着人类科学不断进步，我们现在有很多手段进行记录。只要用你最喜欢和便捷的方式就可以了。你可以写在便签纸上，你也可以用电脑打字，或者用录音笔，你还可以用智能手机拍照。

头脑风暴的技巧 #3：草图

不是所有的想法都能用文字或者语言表达清楚的，你可以在纸上画出你的想法。或许你画得不是很好，只要你自己看得明白就好！你可以在草图上圈点创意，可以用箭头来关联创意，也可以划掉不需要的想法，如同一张创意地图，你可以随时提取你需要的，如图3-9所示。

图 3-9　艺术家保罗·权（Paul Kwon）为《英雄联盟》英雄角色皮肤设计的草图

头脑风暴的技巧 #4：玩具

挑一些与你问题相关的玩具（见图3-10）或者不相关的玩具带到讨论中，玩具不仅能引出你的创造力，而且还是一种可以触摸体验的方式。在感知体验的过程中潜意识会传达给你更多的想法。这听起来似乎太过理想化，但是创意本身就是一个非理性的过程，而头脑风暴更像是顽皮的孩子。

图 3-10　玩具

头脑风暴的技巧 #5：换个角度看世界

别总是坐在教室或者会议室里进行头脑风暴，离开你的椅子和桌子一样可以进行，换个角度看世界（见图3-11）。去不同的地方，让自己体验不同的环境和事物，你可以在公园里、沙滩上、地铁上、玩具店里进行头脑风暴。这是很容易做到的，也能激发你的想象力，只要能让你产生新想法的事情都可以去尝试，当然前提是必须遵守法律和道德。

图 3-11　换个角度看世界

头脑风暴的技巧 #6：让自己深入

清晰地分析问题之后，需要的是让自己沉浸在问题中。你可以在超市里找到符合你游戏的目标受众——他们喜欢什么？在买什么？为什么买这些？他们在聊什么？对他们来说什么是最重要的？

你需要持续关注你的目标受众。你已经选定一种游戏引擎了吗？那你去学习这项游戏引擎的相关技术，找到符合实现你游戏功能的技术。你把游戏定位在某个历史背景上了吗？那你就需要找出大量的历史文献进行阅读。你需要对传统游戏的机制进行革新吗？那你就需要找出这种机制的游戏并都去体验一下，再决定这种机制有没有用。

头脑风暴的技巧 #7：笑话

大多数人在进行头脑风暴的时候都比较严肃和紧张，因为他们认为工作是需要认真对待的。有时候笑话能让工作完成得更好，笑话能放松大家的思维和情绪，帮助我们从忽略的视角重新审视问题，新视角正是伟大创意的出发点。需要注意的是，笑话是一把双刃剑，有时让大家跑题，尤其是在头脑风暴的会议上。但偶尔的偏题并不是一件坏事，好的创意可能不在正题上。

头脑风暴的技巧 #8：不要吝啬

我们一直提倡节约资源："别浪费纸张！""合理利用研发经费！"但是头脑风暴的时候并不是所有的资源都要节约，潜意识是一个有欲望的家伙，你不能把所有人的想法全写在一张 A4 的纸上，我们需要让每个人都把自己的想法用大大的字体写下来，让每个人都能看见，让大家都感觉很舒适。每一件让你感受到更舒服的小事都能提高伟大创意出现的概率。

头脑风暴的技巧 #9：墙上的空间

相比写在纸上，一块大面积的白板更适合团队的头脑风暴。你需要让每个人都能看见所有的方案。把各种想法放到墙上的另一个原因是我们对列表的记忆相对于位置记忆比较差。如图 3-12 所示，在便签纸上写下各种想法后贴在墙上，你下次回到房间的时候能更容易地记住它们在哪里，并且轻易地重新定位思维，感觉就像从来没有离开过那样。你还可以在讨论结束后将这些想法撕下并保存起来，一年后有人提到"我们去年好像也想到关于西红柿的游戏创意"。你就可以把它找出来重新贴在墙上，并继续这个创意的头脑风暴。

图 3-12　把想法贴在墙上

头脑风暴的技巧 #10：标上数字

大部分头脑风暴的过程都会产生出各种列表清单，当我们在记录清单的时候应该为它们标上数字。这样能让大家更容易地讨论清单上的内容。"与第五个创意相比，我更喜欢第三个创意！"当清单被标记上数字后，会看起来更加清晰。我们来看看表 3-1 所示。

标记数字的列表看起来更加清晰，假如忽略了其中一项，你会很快地注意到这个想法。这样让大家更可能地把所有想法都认真考虑一遍。

表 3-1　标上数字

■ 会飞的苹果	1. 会飞的苹果
■ 土豆行星	2. 土豆行星
■ 沙拉酱燃料	3. 沙拉酱燃料
■ 石头怪兽	4. 石头怪兽

头脑风暴的技巧 #11：混搭

最理想的游戏创意是完全成型的，但是这种情况不会每次都发生。所以将各种想法聚在一起是一种能有效产生创意的方法。例如，我们决定要为 10 岁左右的小男孩设计一款游戏，我们首先要列出游戏 4 个元素的清单，如表 3-2 所示。

表 3-2　游戏的四元素清单

技术的创意	1. 智能手机平台 2. 电脑平台 3. 家庭电视游戏 4. 单手操作 5. 社交消息推送	机制的创意	1. 交互式动画 2. 获胜者能帮助别人 3. 鼓励帮助更多的人 4. 朋友多少决定成绩 5. 提高正能量数值
故事的创意	1. 以小学学校为主题 2. 扮演侦探 3. 以儿歌为主题 4. 扮演治安护员 5. 扮演警察	美感的创意	1. 中国古风 2. 日系卡通 3. 电脑角色是动物 4. 电脑角色是植物 5. 未来科技校园 6. 中国古代学堂

有了上面这样的清单，你就可以自由地混搭创意，或许是一款智能手机上跑酷类捡垃圾的游戏，或许是电脑平台上角色扮演解密类的游戏，或许是模拟人生式的中国古风学习古诗词的游戏，等等。一些你原本可能永远不会想到的完全成型游戏创意便会呈现在你面前。

头脑风暴的技巧 #12：自言自语

和自己对话看起来有点神经质，但是当你一个人进行头脑风暴的时候，这样做是很有效的。把你的想法大声地说出来在某种程度上能让你更加真实地感觉头脑里在想什么。你可以找个没有其他人的地方，或者在很多人的广场上假装打电话来自言自语，顺便用录音功能记录下你的想法，这样就不会让别人误会你了。

头脑风暴的技巧 #13：搭档

找到志同道合的人一起进行头脑风暴能让你的创意世界变得更加精彩。你们一起思考会比你单独进行的时候更有成效，想法在你们之间不断往返，不断地对创意进行加法和减法，一个好的游戏创意就会慢慢地呈现出来。当然有些人不适合做头脑风暴的搭档，这些人喜欢从每个想法里找漏洞，不断地否定别人的想法，自己却没有任何建议。团队性的头脑风暴有着极大的优势和危险，我们会在第十章中详细讨论。

思考与练习

围绕游戏创意的起源、灵感的捕捉、潜意识的作用、问题的表达以及头脑风暴的技巧，让我们一起进行以下深入的思考与练习：

1. 灵感的发现与培养

回顾你曾经获得灵感的经历，分析当时的环境、状态和触发因素。通过丰富生活体验、培养观察力和广泛兴趣，提升自己获取灵感的能力。

2. 模仿与创新的平衡

选择一款你喜欢的游戏，分析其设计亮点和不足之处。尝试基于这款游戏进行创新，加入自己的想法，设计一个全新的游戏概念。

3. 潜意识的利用

记录自己在一天中突然产生的想法或梦境，无论看似多么无关紧要。定期回顾这些记录，寻找可能的创意灵感，并思考如何应用于游戏设计。

4. 有效的问题表达

选择一个你想解决的游戏设计问题，如提升游戏的互动性或创新玩法。尝试用不同的方式表达这个问题，从宽泛到具体分析每种表述对解决方案的影响。

5. 头脑风暴的实践

组建一个小团队，针对某个游戏设计主题，运用头脑风暴的技巧进行创意发想。在过程中尝试不同的技巧，如绘制草图、角色扮演、使用玩具等，并记录效果。

通过这些思考与练习，你将深入了解如何捕捉和培养灵感，利用潜意识的力量，清晰地表达问题，并有效地进行头脑风暴。这将帮助你在游戏创意的起步阶段奠定坚实的基础，创造出独特而具有吸引力的游戏概念。

第 4 章
玩　　家

一直以来，世界各地各界人士对游戏玩家不同类型的名称及定义并没有普遍的共识。然而人们仍可较为粗略地按游戏玩家对提升个人游戏等级的贡献、喜爱参与的游戏类型、玩同一款游戏所花的游戏时间、对游戏的熟悉程度等包含各界分类的共同元素的分类方式划分玩家的类型。

具共同元素的类型

休闲玩家（Casual gamer）、核心玩家（Core gamer）、游戏发烧友（或称重核玩家，Hardcore gamer）、职业玩家（Pro gamer）。

其他类型及名称

新手（或称小白，newbie、noob 或 newb）、老手、骨灰级玩家。

4.1　认识你的玩家

要创造出优秀的游戏体验，你必须了解玩家喜欢什么和不喜欢什么，甚至要比他们自己更了解此事。爱因斯坦曾受当地的一个组织邀请出席午宴，并在席间做一个关于他的研究的演讲。当他站上舞台看到一群大多由老妇人组成的非学术听众，他解释说他可以谈论关于他工作的东西，但那有些无聊，也许大家更愿意在这里听他演奏一段小提琴（图 4-1）。于是他演奏了几个听众熟悉的乐曲，为他的听众营造了一次令人愉快的体验。他很清楚听众未必真的对物理感兴趣，他们真正感兴趣的是"一次与著名的爱因斯坦的亲密接触"。

图 4-1　爱因斯坦拉小提琴

我们需要从游戏玩家的角度思考，因为我们的游戏使用者都是人，所以我们要了解人类学。花时间和你的目标受众接触，和他们交谈，观察他们，了解他们会是什么样子。

表 4-1　人类不同年龄段的群体特征

年龄分段	时期	群体特征
0~3 岁	婴儿	这一年龄层的孩子对玩具非常感兴趣，但对他们来说在游戏过程中的复杂事物和解决问题太过困难。
4~6 岁	学龄前儿童	这是孩子开始展现出他们对游戏产生兴趣的年龄。游戏会非常简单，大多数情况下，父母陪着孩子玩多过于他们和其他孩子玩，因为父母知道如何调整规则来保持游戏的愉快和趣味。
7~9 岁	儿童	这个年龄段，孩子已经进入学校，开始阅读并思考，可以解决一些困难的问题，他们对玩游戏变得非常感兴趣，开始有自主挑选玩具和游戏的意识了。
10~13 岁		青春期。这个年龄段跟其他年龄段有很大的区别，他们正在经历一个巨大的心理成长阶段，并且比几年前更加深入和不同地思考一些事物。这个年龄被称为"观点的年龄"，孩子在这个年龄会对他们感兴趣的东西非常热爱。
13~18 岁	青少年	在这个年龄段，男性和女性产生明显的分界线。男孩们继续对竞争和征服感兴趣，女孩们则开始更专注于现实世界的问题和人们之间的沟通，这使得这个年龄的男孩和女孩在游戏上的兴趣截然不同。两种性别的青少年都对尝试新的体验非常感兴趣，游戏能实现某些体验。
18~24 岁		这是第一个成年组，并且是一个重要的转变标志。他们不再像青少年时的活动那样，而是会在游戏类型和喜爱的娱乐活动上形成自己明确的口味。年轻的成年人通常既拥有金钱又拥有时间，这让他们成为了游戏的一大消费人群。
25~35 岁	成年	这个年龄段中，时间开始变得更加宝贵。这是"构建家庭结构"的年龄。随着成年的责任开始增加，这个年龄段的大多数成年人只是休闲游戏的玩家，玩游戏成了偶尔的消遣，或与他们的孩子一起玩。换句话说，这个年龄段的"核心玩家"就是一些将玩游戏作为他们主要业余爱好的人，他们有能力购买大量的游戏并明确表达他们的喜好。
35~50 岁		这个年龄段有时被称作"家庭稳定"的阶段，大多数进入这个年龄段的成年人由于被紧紧地锁在了事业和家庭责任之上，而只能是休闲游戏的玩家。随着他们的孩子越来越大，这个年龄层的成年人通常是那些购买昂贵游戏的人，如果条件允许，他们会寻找能够让全家人都乐在其中的游戏。
50+ 岁	中年	这个年龄段的状态通常被称为"空巢"——他们的孩子们通常已经搬出去了，他们即将面临退休。有些人重新玩起了年轻时所喜爱的游戏，而另一些人则会寻求一些改变，转而投向新的游戏体验。这个年龄层的成年人对于拥有大量社交成分的游戏体验尤其感兴趣。

男性和女性喜欢的游戏元素的差异，见图 4-2。

图 4-2　男性与女性喜欢的游戏元素

男性喜欢的游戏元素

征服：男性喜欢控制一切。这并不意味着必须是重要的或是有用的事情，它只是意味着挑战。而女性只有当事物具有有意义的目标时，才会对征服感兴趣。

竞争：男性喜欢与其他人竞争来证明自己是最棒的。而对于女性来说，由于游戏失败，或者让其他玩家失败而产生的负面情绪，通常比游戏胜利获得的积极感受更加强烈。

破坏：男性喜欢破坏一切。例如，当年轻的男孩在玩积木时，最激动人心的部分不是搭积木，而是一旦搭成之后，可以将整个建筑推倒。

空间谜题：男性通常比女性拥有更强的空间推理能力，这一观点被大多数人所认同。包含空间3D的谜题通常很吸引男性，但这有时却会提升女性的挫败感。

尝试和失败：男性更喜欢通过尝试和失败来学习事物，而不是通过阅读完整的游戏说明。某种意义上说，把游戏界面设计得可以让玩家尝试并给出即时反馈会更好。

男性更易于在某一时间将精力非常集中于一个任务。

女性喜欢的游戏元素

情感：女性喜欢体验丰富的人类情感。对于男性来说，情感是体验的一个有趣的组成部分，但它很少是全部的组成部分。

真实世界：女性玩家更喜欢的是与现实生活有密切关联的娱乐活动。如果注意观察年轻女孩和年轻男孩所玩的游戏，你会发现女性会经常玩一些与现实世界存在较强关联的游戏，而男孩则会频繁控制一些幻想中的角色。这个趋势会一直持续到成年。当事物与现实世界以一种富有意义的方式产生联系时，女性们就会变得更加感兴趣。有时这可以通过内容本身得以体现，比如游戏《虚拟人生》，有时可以通过游戏的社交层面得以体现。

照料：女性热衷于照料活动。她们喜欢照看小木偶、玩具宠物和比她们还小的孩子们。在一场竞技游戏当中，女性玩家牺牲领先的优势去帮助一名较弱的玩家很正常，其中一部分原因归结于女性玩家对于和其他玩家的关系以及感受的重视程度要胜过游戏本身，另一部分原因来自于照料本身的乐趣。对女性玩家来说，在游戏中治疗其他玩家是非常具有吸引力的行为。

对话和字谜：通常的一种说法是，女性在空间技能中所丧失的能力，都用来增强她们的文字技能了。女性会比男性购买更多的书籍，而且填字游戏的受众也大多都是女性。

照实例学习：就像男性易于忽略使用说明，喜欢用尝试和失败的方法一样，女性更喜欢照实例进行学习。她们对于细心指引的教程抱有强烈的感激之情，这些教程要按部就班地进行，这样在尝试处理一个任务的时候，女性玩家才能知道她可以做什么。

女性能够轻松地处理很多并发的任务，而且不会忘记每个任务的任何细节（例如，需要的物品，需要击杀的怪物种类、数量等）。

一名优秀的游戏设计师应当经常思考玩家的喜好和行为，并且应当成为玩家们的拥护者。有经验的设计师们会在手中同时握住"玩家"和"全息设计"，同时思考玩家、游戏体验、游戏机制。观察他们玩你设计的游戏时的反应，问自己如下问题：他们喜欢什么？他们不喜欢什么？为什么？他们希望在游戏中看到什么？如果我站在他们的位置上，我会希望在游戏中看到什么？他们特别喜欢或者特别讨厌我游戏中的什么东西？

游戏乐趣的分类

具体分类如图 4-3 所示。

图 4-3　游戏乐趣的分类

感受：感受的乐趣在于使用你的感官。这种乐趣不能让一个坏游戏变好，但它却能够让一个好游戏变得更好。

幻想：这是虚构世界的乐趣，把自己想象成现实中无法成为的事物。

叙述：这里的叙述并非是规定的、线性地叙述，而是一个连续时间的戏剧揭示过程。

挑战：某种程度上，挑战是游戏的核心乐趣所在。对于游戏玩家来说，这样的乐趣就足够了，但一些玩家则会需要更多。

伙伴关系：关于友谊、合作和社区相关的每件有趣的东西都可以促进伙伴间的友谊。

探索：发现乐趣是一个宽泛的概念，任何时候你找到和发现一些新东西就叫探索，有时候是你对游戏世界的探险，有时候它是对一个神秘特性或聪明策略的探索。

表达：这是表达自我的乐趣和创造事物的乐趣。游戏允许玩家设计他们自己的角色，编辑并分享他们自己的关卡。

服从：这是进入魔法循环的乐趣，离开现实的世界，进入一个崭新的、更加有趣的、拥有一组规则和富有意义的世界。

1996 年，理查德·巴图（Richard Bartle）在一篇名为《红心、梅花、方块、黑桃：MUD 游戏玩家分类》的文章中，提出了 MUD 玩家的 4 种分类方法，这套分类方法是基于玩家的需求来进行分类的，所以称其为基于玩家需求的分类方法，如图 4-4 所示。

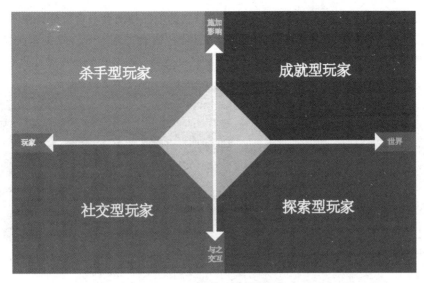

图 4-4 游戏玩家的分类

杀手型玩家：其主要目的是对游戏环境造成破坏，发泄他们由现实社会造成的精神上的压力。他们攻击其他玩家的目的就是"杀人"（这就是"杀手"得名的原因）。获得等级和装备只是为了使自己强大到可以惹是生非，探索是为了发现新的"杀人"方法。杀手型玩家也有社交行为和社交需求，他们也会组成公会，当然他们成立公会的目的是更好更多地攻击其他玩家，甚至语言社交也更多的是为了嘲弄受害者。给别人造成的伤害越大，他们的成就感越大。杀手型玩家一般不害怕别的玩家的伤害，对游戏环境的质量也不是太关心，他们的交流主要靠行为而非语言。图 4-5 所示为游戏《梦幻西游》中的"杀手型玩家"。

图 4-5 《梦幻西游》中的"杀手型玩家"

成就型玩家：把提升装备和等级作为自己的主要游戏目的，探索地图只是为了得到新资源或者任务需求。社交是一种休闲方式，用来调剂单调的升级、挑战和交流，如何能更好地升级和挑战。"杀人"是为了减少抢怪的玩家，除去碍事的敌对阵营玩家和获得装备（传奇类的死亡掉落的游戏），组队的原因是组队有经验的加成，能更快地完成任务。图 4-6 所示为游戏《魔兽世界》中的成就系统。

探索型玩家：探索型玩家根据不同思维的方式又可以进一步划分为审美型玩家（以感性思维为主）和学习型玩家（以理性思维为主）。

审美型玩家会跑遍游戏的每一个角落，尝试各种不同的行为，看看会发生什么。然后把自己看到

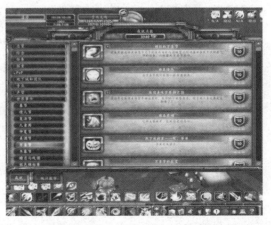

图 4-6 《魔兽世界》中的成就系统

的截图，把自己和遇到的其他玩家的故事写成小说发到论坛。他们会一直期待着在游戏中遇到有趣的玩家，发生点什么故事，还会把这种想法制作成视频发到论坛上。图 4-7 所示为游戏《剑网 3》中的玩家"一竹芥子"的截图。

学习型玩家则会尝试游戏的各种系统，其乐趣在于了解游戏内部的机制，特别是该游戏独有的新系统。他们热衷在论坛发帖，发表自己的游戏经验，指导别人。对他们而言升级和挑战的目的是更好地探索游戏，但这本身对他们而言是很无聊的，因为升级和寻魔大多数是重复性的行为，而杀戮对他们而言也没有太多的乐趣。学习型玩家更倾向于通过插旗 PK，来提高自己的技术和研究游戏的技能系统。

图 4-7 《剑网 3》中的玩家"一竹芥子"的截图

社交型玩家：对社交型玩家而言，游戏本身只是一个背景，一个和其他玩家交互的平台，建立和别的玩家之间的关系是最重要的，例如，与人约会、在公会频道聊天、一起下副本、在论坛看别的玩家写的心情故事。进行探索有时也是需要的，这有助于他们理解别人在谈论什么，更高等级的装备使他们可以参加到只有高级别玩家才能参与的圈子中。图 4-8 所示为游戏《魔兽世界》中的工会活动。

不要简单理解上面的分类，因为这样你可能会忽略一些微妙而奇特的游戏乐趣。

期待：当你知道一种乐趣正在来临的时候，期待本身就是一种乐趣。

庆幸：当有一些不幸的事情发生在我们周围的人身上时，我们会产生这种感觉。

图 4-8 《魔兽世界》中的工会活动

赠与礼物：当你赠送给其他人礼物，让其他人感到开心时，你也会产生一种特殊的乐趣。我们的乐趣并不在于别人感到开心，而是在于你使得他们开心。

幽默：两种毫不相关的事物突然由于一种颠覆性的方法被联系在一起时，会让我们感到愉悦。

选择的可能：拥有很多选择并能自由挑选的乐趣。

自豪：这是一种在获得成就之后能持续很长时间的乐趣。

清除：让事物变得清洁的感觉是很好的，很多游戏正是利用了清洁的乐趣，比如"吃光所有的豆子"。

惊喜：人类的大脑喜欢惊喜。

后怕：在你经历恐惧并回到安全的区域后感到安全的一种乐趣。

逆境得胜：这是你完成自认为希望渺茫的一些事情后产生的乐趣。

难以置信：一种压倒一切的敬畏和吃惊的感觉。

当然还有很多乐趣，这些只能作为经验法则，不要忘记保持一个开放的思维。

游戏的工作就是给予乐趣，通过检查这些已知的乐趣列表和思考游戏中如何传达每种乐趣，你可能会从中得到灵感，并改进游戏，询问自己如下问题：

游戏会给玩家带来什么乐趣？这些乐趣可以被提升吗？

你的体验中缺失了什么乐趣？为什么会缺失呢？它们能够被加进来吗？

4.2 玩家头脑中的体验

玩家在玩游戏的过程中体验到游戏设计师预先设定好的体验。这些由游戏设计师创造出来各种各样的体验发生的地方不是在游戏世界里，而是在我们的大脑里。每个人的大脑都不一样，迄今为止人类还在为研究自己的大脑而不懈地努力着。大脑是一个像宇宙一样神奇且复杂的对象。我们对自己大脑是如何运作的一无所知。此时此刻你意识到自己视线是如何在这段文字上移动的吗？当你在翻动这页纸张的时候，你需要计算用多大的力度和运动轨迹才能舒服的翻到下一页吗？为什么听见上课铃声会加快前往教室的脚步？为什么你看见足球朝你飞来，你可以准确地用脚踢球？为什么你想起妈妈做的饭菜就咽口水……这一切运作的过程我们是无法看见的。

下面，我们来做两个小实验。

实验一：见图 4-9，试着回答问号代表什么。

图 4-9　图形实验

看到这问号，大多数人会想到三角形。那么，你心里会是什么答案呢？

实验二：朗读"果汁"这个词 10 遍。

回答问题："你把什么放到了果汁机中？"

大多数人的答案很可能是"果汁"。一般来说，果汁是从果汁机中倒出来的，而不是我们放进去的。如果没有第一步大声地朗读果汁这个词，大多数人的答案是"水果"。因为大脑已经和"果汁"建立了足够的关联。潜意识对我们的答案加以控制，所以我们冲动地说出了错误的答案。

我们在脑海里运作的绝大部分内容是被意识思维隐藏的。心理学家逐渐发现了一些潜意识的运作过程，但总体来说我们还是不清楚它们是如何完整运作的。我们大脑的运作大部分都是超出我们的理解的，且大部分也超出我们的控制，但大脑正是游戏体验产生的地方，因此我们必须尽可能地了解其运作过程。在第三章里我们谈及了如何利用潜意识的力量去成为更出色的设计师，如今我们必须考虑玩家头脑里的显意识和潜意识是如何交互的。当然，关于已知的人类思维知识足够写满好几本百科全书了，这里我们只谈及和游戏设计相关的关键因素。

人类有 4 种主要的心智能力，分别是建模、聚焦、移情和想象。这些能力使得游戏过程变得可能。

建模

现实是复杂的、可怕的。我们的大脑理解现实的唯一方法是对现实进行简化，从而让我们能对其产生一定的认知。所以我们的大脑理解的并不是客观的现实本身，而是进行主观处理后的各种现实模型。我们大部分情况下是不会意识到这点的。我们的大脑会在我们认知底层建立现实模型，潜意识让我们产生觉得内在的体验是真实的，但事实上它们只是对我们永远不能真正理解的事物的一种不完美的、主观虚拟的模拟而已。这种幻觉能满足我们的主观认知，但也可能会让我们陷入主观逻辑混乱的地步。就像下面这张图片，如图4-10所示。

事实上这些色块大小都是一样的，但是我们的大脑让我们觉得它们是有弧度的。

大多数时候，我们依据主观的判断和理解来认识周围的客观事物，例如，可见光。从物理学专业角度来分析，可见光、红外线、紫外线和微波都是同样的电磁辐射，只不过是波长不同。我们的肉眼只能在这个连续的光谱中看到极小的一部分，于是我们把这部分称为可见光。我们能看到其他类别的光是非常有用的。比方说，红外线能让我们在黑暗中轻易地察觉出各种生物，因为所有具有生命的对象都会发出红外线。但不幸的是，我们的眼球内部也会发出红外线，因此即使我们能看到红外线，很

图 4-10　图形实验

快也会被我们自身发出的光线混在一起。其结果是任何超出可见光范围的电磁辐射都无法成为我们可感知的现实的一部分。

即使是可见光也会被我们的眼睛和大脑奇怪地过滤掉。因为我们眼睛的构造，使得所见的可见光波长的分布看起来就像落在多个不同的分组里，我们把这些不同的分组称为颜色。当我们看到棱镜产生的彩虹时，我们能画出线条去分隔每一种颜色，然而这只是视网膜机制产生的一种人为加工品。事实上在颜色间并没有任何明显的划分，所有的波长都是平滑渐进的。即便是眼球告知我们的绿色和淡蓝色，其实绿色和淡蓝色波长是极其相近的。我们这种眼睛结构得以进化是因为把波长区分成组，能有助于更好地理解世界。"颜色"只是一种幻觉，压根不是现实的一部分，但却是现实的一个非常有用的模型。

现实所充满的各种各样的因素很多都是我们日复一日建模过程中不存在的部分。例如，我们的身体、房子、食物里充满了显微镜才能看到的细菌和微粒。或者存活在睫毛毛孔以及毛囊上的毛囊脂螨中，大部分都是大到我们凭肉眼就能看到的。这些细小的生物散布在我们周围的每一处地方，但通常都不是我们头脑中的模型的一部分，因为大部分情况下我们是不需要了解它们的。

一个了解我们头脑中各种模型的好办法是寻找那些在我们仔细思考前都感觉是自然而然的东西。看看这张史努比的漫画，如图4-11所示。第一眼看上去，我们感觉没什么不妥：一群小孩，有男生和

图 4-11　史努比

女生。但仔细思考以后就会发现，他们看上去完全不像真实的人。他们的脑袋几乎和身体是一样大的！他们的手指头就像隆起的小肉团！最可怜的是，他们全身都是由线条组成的。再低头看看我们自己，身体没有任何一部分是由线条组成的，我们所有的结构都是由肌肉和骨骼组成的。他们这种构成我们在客观地认真思考分析前都没有发现是不真实的，而这点正是我们探寻头脑对事物进行建模的过程的一条线索。

史努比漫画中的儿童角色并不是按照真实儿童去绘制的，但他们看起来就像我们身边的儿童，因为他们的形象匹配了我们大脑内部模型中的某些特征。我们接受了他们巨大的脑袋，是因为我们的大脑储存的信息更多是关于人类头部和脸部的，而不是身体的剩余部分。当我们记忆某个人的特征的时候，众多的信息都来自于脸部。假如漫画家查尔斯·舒尔茨 (Charles M. Schulz) 将这些儿童角色反过来设计：一个很小的头，一双巨大的脚。那我们看起来就会马上觉得荒谬了，因为他们完全不匹配我们大脑内部的模型。

那他们的线条组成又该如何解释呢？对于我们的大脑来说，看到一个场景后要把各种对象分离开来是一个不小的挑战。当它在我们意识层级底下做这件事时，我们内部的视觉处理系统会围绕每个单独的对象绘制出线条。我们的意识思维是永远看不到这些线条的，但它能感觉到场景中的哪些物件是分离的对象。当我们看到一张已经画好线条的图画时，从某种意义上来说它就是已经"预先消化"过了，完美地匹配了我们内部的建模机制，并且帮它们省去了不少工作。这也是为什么人们觉得动漫看起来如此赏心悦目的部分原因——我们的大脑在理解事物时喜欢那些只需更少工作的模型。

我们的大脑做了大量的工作才把现实的复杂性加工成更简单的心智模型，从而让我们能更轻易地储存、思考和处理。并且这个过程不仅仅用在可视的对象上，我们还会把这个过程用在人际关系、风险和报酬评估，以及决策制定上，我们的头脑对复杂的情形瞄了一眼后就尝试去把它理解成一个简单的规则和关系，以让我们大脑能在内部对它进行处理。

作为游戏设计师，需要对这些心智模型多加关注，因为有着各种简单规则的游戏就像查理·布朗那样，是一种我们能轻易吸收和处理的预先消化过的模型。也正是这个原因让它们玩起来感觉很放松——因为相比于现实世界，它们只需我们的大脑做更少的工作就能处理了，其中大部分的复杂性因素早已从里面剥离。像"井字过三关"以及"西洋双陆棋"（见图 4-12）那样的抽象策略游戏基本上完全就是一个个赤裸裸的模型。而像电脑上的 RPG 那样的游戏则采用一个简单的模型加上一些吸引人的美感元素，使得消化整个模型的过程是让人感到快乐的。这和现实世界完全不同，在现实世界里你需要花很大力气才能找出游戏的规则，然后要付出更大的努力才能达成目标，并且永远不确定你所做的是不是对的。这也是为什么有时候游戏是现实世界中最好的练习工具，因为游戏能让我们练习如何去消化和试验较简单的模型，如此我们才能面对现实世界中复杂的事物，才能在我们准备好的时候有能力去处理它们。

我们要理解的很重要的一点是，我们所体验和思考的一切事物都是一个模型，而不是事实。事实是超出我们理解的。我们所能

图 4-12　西洋双陆棋

理解的只是现实的模型。有时候这个模型会被打破，然后我们必须修复它。我们所体验到的现实只是一种幻觉，但也只有这种幻觉是我们唯一能够了解的现实。作为设计师，假如你能理解和控制玩家头脑里这种幻觉的形成过程，那你就能创造出让玩家觉得是真实的感受了，这种感受甚至能比事实本身更让人觉得真实。

聚焦

我们的大脑用来让世界变得有意义的一种关键的能力是选择性地聚焦注意力的能力，这种能力能忽视一些事物，而把更多的心力投入到目标事物上。其中一个例子是"鸡尾酒会效应"，当整屋子的人都在同时谈话时，我们有着异于常人的能力去注意到单个的谈话。即使周围的各种谈话的声波不断地同时击中我们的耳膜，我们还是有能力去让一个谈话进入耳里，忽视其他的谈话。为了研究这点，心理学家进行了"二重听觉研究"。在这些实验里，受测个体会佩戴耳机，耳机里会对两边的耳朵播放不同的音频。例如，受测个体的左耳可能听到莎士比亚戏剧的朗读，右耳可能听到一串数字的朗读。在两种声音不会太相近的前提下，实验里让受测个体去聚焦其中一种声音，在听这种声音的同时去复述出来，通常来说受测个体都能做到。此后再问他们另一边的声音是说什么时，受测个体往往都一无所知。他们的大脑只会挑选出希望的信息，然后忽视剩下的信息。

在任一时刻上，我们聚焦的内容是由我们没有意识到的欲求以及我们意识到的意志所一起决定的。当制作游戏时，我们的目标是创造出一种足够有趣的体验，让玩家尽可能长时间、高强度地聚焦在游戏里。当有某样东西能长时间吸引我们全部注意力和想象力时，我们就会进入一种有趣的心智状态了。世界里其余的东西就像不存在一样，也没有任何其他事物打扰我们的想法。我们当前思考的只有我们正在做的东西，在这个过程中完全失去了对时间的追踪。这种持续地专注、愉悦和快乐的状态我们称之为"心流"，它是心理学家米哈里·契克森米哈（见图4-13）提出的，并把心流定义为"一种将个人精神力完全聚焦在某种活动上，并在这个过程中产生高度的兴奋和充实感的感觉"。

图 4-13　心流理论创始人
米哈里·契克森米哈

对游戏设计师来说，对心流进行仔细研究是值得的，因为它完全就是我们希望玩家能在游戏中享受的感觉。能产生一种行为，并把玩家推向心流状态的关键因素，如图4-14所示。

清晰的目标：当我们的目标清晰时，我们能更容易持续聚焦在手头的任务上。当目标不明确时，我们是无法投入到任务上的，因为我们根本不确定当前的行动是否是有效的。

拒绝分心：分心会偷走我们对任务的聚焦，没有聚焦就没有心流。

直接反馈：假如每当我们采取行动时都必须等待才能知道该项行动引起的效果，那么我们很快就会被分散注意力，从而失去对任务的聚焦。当反馈马上发生时，我们就很容易保持聚焦。

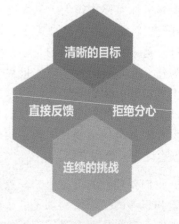

图 4-14　保持心流状态的因素

连续的挑战：人都是喜欢挑战的，但它必须是一个我们觉得能达成的挑战。假如我们认为它是不能达成的，那就会产生挫败感，然后我们的头脑就会去寻找另一项更值得去做的行为。另一方面，假如挑战太简单，那就会让我们感觉无聊，大脑也会再次去寻找更值得去做的行为。

若要玩家停留在心流的行为里必须设法让游戏的挑战程度控制在一个狭窄的边界范围内，挑战的难度会处于无聊感和挫败感之间，因为这两种让人不快的极端都会导致我们的头脑从当前的聚焦对象转移到某个新的行为上。契克森米哈把这个边界范围称为"心流通道"。他用一个游戏做例子，解释了心流通道的概念。

让我们来想象一下，图 4-15 清晰地呈现出一种特定的行为。我们以篮球这个游戏为例：将篮球体验理论中最重要的两个维度（挑战和技巧）呈现在图表的两个轴线上，我们用字母 A 来代替玩家，这是一个正在学篮球的男孩。图中展现了玩家在 4 个不同时间点的情况。当玩家最初开始玩的过程中（A_1），他实际上是没有任何技巧的，他所面对的唯一挑战是把球投进篮筐。这并不是非常难的一件事，但玩家很可能会喜欢这个过程，因为这个难度刚好适合他初学的技巧水平。经过一段时间以后，假如他继续练习，那他的技巧一定会得以提升，然后他会对不断拍球运球产生无聊感了（A_2），或者可能突然他遇到一个更熟练的对手，自己意识到不能再只是拍球运球了，要去面对更大的挑战——于是此时他会关注于自己糟糕的表现，心里感觉有点焦虑不安（A_3）。

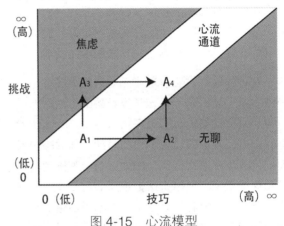

图 4-15　心流模型

无论是无聊，还是焦虑，都不是一种积极正面的体验。因此玩家本能上总想回到心流的状态，那他如何能做到这点呢？我们再看回这个图，我们看到如果此时他是无聊的（A_2），那要重新回到心流本质上只有一种选择：也就是提高他所面临的挑战（当然他也能做出第二种选择——完全放弃掉篮球运动，此时 A 就会从这个图里消失了）。通过设定一个新的更难的且匹配他当前技能水平的目标，（例如，运球突破一个比他稍微强一点的对手），最终玩家能重新回到心流（A_4）。

假如玩家此时是焦虑的（A_3），想要回到心流就需要提升他的技术水平了。理论上这也会减少他面临的挑战，从而让他回到心流里最初开始的位置（A_1），但实际上人一旦受到挑战就很难忽视它了。

图里的 A_1 和 A_4 都代表了玩家处于心流状态里。尽管这两个点上的状态都是同样让人愉快的，但这两种状态是有很大不同的——A_4 是一种比 A_1 更复杂的体验。它之所以更复杂是因为这个状态下包含了更大的挑战，也需要玩家具有更高的技术水平。

不过尽管 A_4 这个状态既复杂也让人愉快，但它并不代表一个稳定的情形。当玩家继续玩下去时，他会开始对这个水平下的对手感到无聊，又或者他会因为自己相对较低的能力而感到焦虑和挫败。于是为了让自己重新享受起来，这个动机会推动他想重回心流通道上，但如今的复杂程度会比 A_4 要更高了。

这种动态不稳的特点解释了为什么心流行为会引导出我们的成长和发现。一旦无法在相同的等级下长时间享受做同一件事的过程，我们就会变得无聊或者挫败，而后想要重新享受这个过程，就会进一步扩展技能或者主动去发现一些新的机会。

从这里你能看到，把一个人保持在心流通道中需要有技巧的平衡，因为玩家的技术水平极少是会一直停留在原地，随着他们的技术提升，你必须向他们呈现出程度相当的挑战。在传统游戏里，这种挑战主要来自于寻找更多更具挑战的对手的过程。视频游戏里通常有着一系列挑战逐步提升的关卡，这种不断提升关卡难度的模式是一种很不错的自我平衡——那些有着很不错的技术水平的玩家能快速通过前面的关卡，直到遇到一些对他们具有挑战的关卡。这种在技术和通关速度上的关联能有助于让技术熟练的玩家一直不会感到无聊。不过很少有玩家能坚持到整个游戏的通关，大部分玩家在最终到达一个让他们经历了过长时间的挫败感的关卡后，他们就会放弃这个游戏。很多人会争议这点到底是一种好事（因为只有那些技术熟练且坚持下去的玩家能通关游戏，这让最终的成就感显得很特别）还是一种坏事（很多玩家会因此感到挫败）。

不少设计师都能很快意识到，虽然一直停留在心流通道上是很重要的，但在通道里移动的过程中，某些方式会比其他的方式来得更好。例如像这样笔直地在通道里移动肯定比在焦虑或者无聊中结束游戏要好。但不妨想一下像图4-16那样的轨迹会是什么样的游戏体验：

这种体验过程会让玩家感觉有趣得多，这是一种不断重复的循环：先是提升挑战，然后给予奖励，通常是奖励玩家更多的力量，这会让玩家有一段挑战较小的较为轻松的时期，而后很快又会把挑战难度重新提升。例如，某个视频游戏可能会给予玩家一把枪，这把枪需要射3发子弹才能杀死敌人。随着玩家在游戏里不断前进，敌人会变得越来越多，挑战随之提升了。但只要玩家完成了这段时期的挑战并且杀死足够的敌人，那就可能会得到一把新枪的奖励，这把新枪只要射两发子弹就能杀死敌人了。于是游戏突然间变得

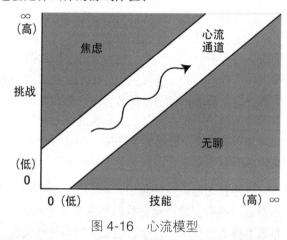

图 4-16　心流模型

更轻松了，也变得奖励非常丰厚。不过这个轻松的时期并没有持续很长，很快又出现了即使用新枪也需要3发甚至4发子弹才能打死的敌人了，这时候又开始把挑战提到了新的高度。

这种"紧张—放松—紧张—放松"的循环会在设计中一次又一次地出现，看起来这是人类快乐的固有特质。太多的紧张会让我们筋疲力尽，太多的放松会让我们感觉无聊。当我们在这两者间此起彼落时，我们能同时享受到刺激和放松的感觉，而这种上下振动也会让我们感到变化感和可预知感的快乐。

心流是一种很难测试的东西。在短短10分钟的游戏过程中是无法看到的。你必须观察玩家一段更长的时间。更棘手的一点是，一个游戏可能会在前几次都让玩家留在心流里了，但可能后面又会让玩家感到无聊或者挫败。

当你在观察一个玩家的过程中，心流是很容易忽略的——你必须学会如何去辨认它。心流的过程并不总是伴随着外在的情感流露，它通常都是安静无声的。处于心流的玩家一个人玩游戏时通常都是很安静的，也有可能会喃喃自语。也正是因为他们太专注了，所以假如在这个过程中你问他们问题，他们会感到恼怒或者反应很慢。在多人游戏中处于心流的玩家会不时热情地互相交流，一直把注意力聚焦在游戏里。一旦你注意到某个玩家在游戏中进入心流状态了，那你需要马上密切地观察他们——他们是不会永远地留在这个状态的。你必须观察这个过程中最关键的时刻——也就是促

使他们移出心流通道的事件。如此你才能了解到如何确保这种事在下一个游戏的原型里不会发生。

最后还需要注意一点，别忘了把心流理论用到你自己身上！作为一名游戏设计师，你肯定会发现心流的时间里你是能完成最多的工作的，你需要对你的设计时间进行合理的安排，确保你能尽可能频繁地进入这种特殊的思维状态中。

移情

作为人类的一分子，我们有着一种惊人的能力：我们能把自己投射到其他人的境况里。当我们这样做时，我们会尽力想别人所想，感受别人的感受。这是我们用来互相理解的能力，这点也是能整合成为游戏的一部分。

曾经有这么一个有趣的戏剧练习，练习里把一群演员分成两组。在第一组里，每个演员挑选一种表情（快乐、真伤、愤怒等），然后所有人都站在台上，每个人尝试去通过姿势、步伐和面部表情去表达出自己挑选的表情。第二组人不会挑选表情，他们只是随机地绕着第一组人走，并尝试去和对方进行眼神接触。当他们第一次这么做时，第二组的演员发现自己在做一些让他们吃惊的事——只要当他们眼神接触到某个在表达某种表情的人时，他们自己也会呈现出这种表情，并且做出了相应的面部表情，而这个过程中他们是完全没有意识到自己会这样做的。

这点说明了移情的力量到底有多大。我们甚至无须去尝试就能变成其他人了。当我们看到某人很开心时，我们能感受到仿佛自己也拥有快乐。当我们看到某人很伤心时，我们也能感受到他的痛苦。艺人利用这种移情的力量来让我们感觉自己身处于他们创造的故事世界里。而让人吃惊的是，我们的移情力量能在一眨眼的工夫里从一个人转到另一个人身上。我们甚至会对动物移情。

你有注意到狗有着比其他动物更丰富的面部表情吗？如图 4-17 所示，它们是通过眼睛和眉毛来表达情感的，狼（狗的祖先）没有像驯化的狗一样拥有那么多的面部表情。看起来狗是把这种能力进化成了一种生存技能的。狗会在捕捉住我们移情特质后做出合适的面部表情，而我们仿佛能感受到它们的感觉，然后更小心照顾它们。

图 4-17　狗通过眼睛和眉毛来表达情感

当然，大脑是利用心智模型来完成所有这些步骤的。事实上我们移情的并不是真实的人或者动物，而是移情到我们对它们的心智模型上。这其实意味着我们都是很容易被欺骗的。即使实情上毫无情感，我们也能无中生有地感觉到。只是一张照片、一幅画，或者是一个视频游戏的角色就能轻易地让我们移情了。电影摄影师都了解这一点，他们技巧纯熟地把我们的同情在众多角色身上四处调动，从而不断地操纵我们的感觉和情感。下次当你看电视时不妨不时地注意一下，看看你的同情心何去何从，然后想想为什么会不由自主地变成这样。

作为游戏设计师，我们需要像小说家、绘图家，以及电影制作人那样去利用移情作用，不过我们也有一套自己新颖的移情交互方式。游戏是和问题解决过程有关的，而移情是问题解决过程的一种很有用的方式。假如，设身处地地站在别人的情境中思考问题，那么就能为别人所要解决的特定问题给出更好的决策。在游戏中也是同样的，你不单单把感情投射到角色上，你还把你全部的决策制定能力投射到角色身上，并且能以某种方式变成它们。这都是在非交互媒体中不可能发生的事。

想象

　　利用我们的想象让我们和玩家同时置身于游戏中。想象力是我们创作上的想象力以及编造出梦幻般的奇幻世界的能力，但人类想象力的作用中蕴含着比我们知道的更多因素。

　　想象力是每个人都天生具有的神奇的能力——每个人每一天都用想象力来与别人进行交流和解决问题。例如，当我说到"昨天猴子偷了我电脑"时，实际上我说的只是很少的内容，但你已经能想象出发生了什么事了。

　　奇怪的是你所"看到"的情景里充满了我没有在故事里说明的细节。我们来看看自己脑海里形成的景象，然后回答一下以下的问题：

　　是一只什么样子的猴子？

　　猴子是从哪里来的？

　　电脑是放在哪里的？

　　是什么样的电脑？

　　昨天什么时间偷走的？

　　猴子是如何偷走它的？

　　为什么猴子要偷走这台电脑？

　　对于这些问题我根本没有告诉你，但你那惊人的想象力会编造出大量的细节，从而让你能轻易地思考我所告诉你的事。假如我突然给你更多的信息，比方说"那并不是一台家用电脑，只是一台笔记本电脑"，你会很快地重新组织想象中的景象来配合你所听到的内容，而你对上述问题的答案可能也会相应地产生变化。这种自动填补缺口的能力对游戏设计而言是有很大影响的。因为这意味着我们的游戏不需要给出所有的细节就能让玩家把剩下的内容填补完整。这种艺术在于掌握到哪些是应该展现给玩家的，哪些是该留给他们自己去想象。

　　当你回想一下时，这种力量是大得难以置信的。事实上由于我们的大脑能将复杂的现实模型进行简化并进行处理，这意味着我们能毫不费力地操纵这些模型，有时候甚至操纵到可能在现实中不存在的情形里。我看到一把扶手椅能想象出它不同的颜色和不同的尺寸后的样子，甚至能想象出它是用麦片做的或者它在地上自己走来走去的样子。我们会以这种方式来解决大量的问题。例如，我让你不用筷子去吃火锅，你马上会开始想象各种可能的解决方案。

　　想象力有着两个关键性的功能：其一是交流（通常是用于表达故事），其二用于问题解决过程。由于游戏明显包含了这两点要素，因此游戏设计师必须懂得如何激发玩家的想象力，让玩家的想象力成为讲故事和问题解决过程中的一大帮手。

动机

　　直到目前我们已经看过了让游戏过程变得可能的4种关键的心智能力了，包括建模、聚焦、移情和想象。现在让我们来想想为什么大脑会运用这些能力？

　　在1943年，心理学家亚伯拉罕·H.马斯洛写了一篇题为《人类动机理论》的论文，论文提出了一个人类需求继承体系（见表4-2），这个体系通常以如下的金字塔表现，见图4-18。

表 4-2　马斯洛的人类需求继承体系

自我实现

可以归为对于自我发挥和满足的欲望，也就是一种使得自我的潜力得到释放的倾向。通俗点说，就是一个人想要变得越来越像人的本来模样，实现人的全部潜能的欲望。

尊重的需求

包括自尊、自重和来自他人的敬重，比如，希望自己能够胜任所担负的工作并能有所成就和建树，希望得到他人和社会的高度评价，获得一定的名誉和成绩。

自尊包括对获得信心、能力、本领、成就、独立和自由等的愿望；来自他人的尊重包括威望、承认、接受、关心、地位、名誉和赏识。

尊重需求的满足，将产生自信、有价值、有能力等感受；反之，这一需求一旦受到挫折，就会产生自卑、弱小以及无能的感觉。

爱和社会的需求

处于这一需要阶层的人，把爱看得非常重要，希望能够获得幸福美满的家庭，渴望得到一定的社会与团体的认同、接受，并与同事建立良好和谐的人际关系。如果这一需求得不到满足，个体就会产生强烈的孤独感、异化感、疏离感，产生极其痛苦的体验。有这种需要的人会开始渴求与他人建立友情，即在自己的团体中求得一席之地。

安全的需求

安全需求的直接含义是避免危险和生活有保障，引申的含义包括职业的稳定、一定的积蓄、社会的安定和国际的和平等。当这种需要未能获得相应的满足时，它就会对个体的行为起支配作用，使行为的目标统统指向安全。

生理需求 / 基本需求

人的需要中最基本、最强烈、最明显就是对生存的需求。人需要食物、饮料、住所、性交、睡眠和氧气。一个缺少食物、自尊和爱的人会首先要求食物；只要这一需求还未得到满足，他就会无视或者掩盖其他的需求。

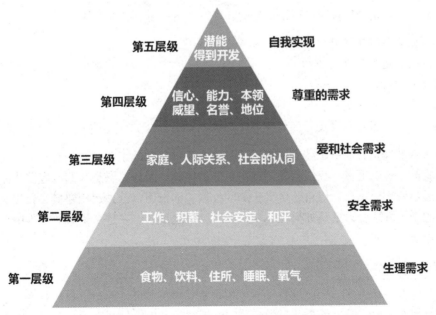

图 4-18　马斯洛的人类需求继承体系

这里的概念在于人们在低层需求没有得到满足之前是没有动机去追求更高层的需求的。比方说，某人已经饿得快要死掉了，这时生理需求的优先级是高于安全需求的。假如一个人没有感觉到安全，他就不会在人际关系上花费太多精力。假如一个人没有感受到爱和社会的归属，那他就不会去追逐那些能提升他自尊心的事物。而如果一个人没有很强的自尊心，那他就不会去追求能力上的提升（还记得前面我们说到的"主要天赋"吗？）来完成"生来就要做"的事情。

假如你努力回想，你还是能提出一些不符合这个模型的例外，但总体来说这个模型是考虑玩家在游戏中动机的一个很有用的工具。思考不同的游戏行为以及这些行为在这个体系中所处的位置是很有趣的。游戏行为中很多都是关于成就和统治的，它们都应放在第四层的自尊心上。但也有一些是较低层的。让我们回看一下这个体系，多人游戏能吸引玩家并让玩家长期逗留下去的原因也突然间变得明朗了——多人游戏比单人游戏能满足更多的基础需求，因此毫无疑问会有很多玩家想玩这类游戏。

你能想出处于体系较低层，甚至低到第一、第二层的游戏行为吗？又能不能想出处于第五层的游戏行为呢？

任何将你与其他人关联起来使你感受到成就感，以及让你能表达你自己的满足需求的游戏都处于第三、第四和第五层级上。我们从这个视角来看，包含着在线社区和内容创作工具的游戏的流行和玩家的逗留也顺理成章了。我们也可以思考一下如何让不同的层级之间能互相满足，这个过程也是很有趣的。

评判

在马斯洛需求体系的第四层里，自尊心是和游戏有着密切关联的。为什么呢？因为评判对所有人而言是一种深层次并很常见的一种需求。这听起来可能会让你感觉不对，人们不是都讨厌被别人评判吗？并不这样，人们只是讨厌被人不公正地评判。我们内心深处都想了解自己是处于何种状态的。当我们不满意自己当前被评判的情况时，我们会一直努力直到被评判成我们希望的那样。事实上游戏是出色的有目的地评判的系统，这点也是它们最吸引人的特点之一。

在确定你的游戏是否对玩家进行了良好的评判时，问一下自己以下的问题：

- 我的游戏会评判玩家哪些方面呢？
- 它是如何传达这种评判的？
- 玩家感觉这种评判公正吗？
- 玩家在意这些评判吗？
- 这些评判让玩家有自我提升的欲望吗？

人类的头脑的确是我们所了解的最迷人、最惊人且最复杂的东西。我们甚至还没揭示出它所有的秘密。当我们了解得更多，我们就能创造出更好的体验，因为它正是我们所有游戏体验发生的场所。并且永远不要忘记一点！你自己也受头脑的控制。你也能自己去运用建模、聚焦、移情和想象的力量，以此来了解这些力量是如何在你玩家的头脑里运用的。在这个了解的过程中，自我倾听会是倾听你的受众的关键。

4.3　兴趣曲线

想象一下你有一场表演，为此设置了 5 个相对独立的小节目，你知道观众对每个小节目的兴趣和兴奋程度，那么如何安排这 5 个节目的顺序呢？下图的纵坐标是观众的兴奋度，横坐标是 5 个独立的小节目按时间顺序的排序。哪种排序会让观众感觉更好呢？事实证明第二种会让观众感觉更棒，因为观众从最开始就很兴奋，随着表演的逐渐进行跌宕起伏，然后为最后的高潮蓄力，直至的最后爆发。相对而言第一种在开始没有抓住观众的兴奋点，随后虽然慢慢有了两个小高潮，但对比并不强烈，而紧接着最大高潮之后的结尾也没能给人留下特别的感觉，无法使观众尽兴。

那么问题就来了：如何排列事件的展现顺序才能抓住客人的兴趣点呢？这里用客人，是因为不单是游戏玩家，任何体验都可以运用这个模式。

一条良好的兴趣曲线

- 如图 4-19 所示，在 A 点，客人会感受到一定级别的愉悦体验，否则他们很可能就此离开，我们期望初始的兴趣能尽可能得高，以确保能留住客人。不然可能会引起整体体验缺乏乐趣，甚至留不住客人。
- 很快到了 B 点，这个点称为"诱饵"，真正抓住你，让你兴奋的体验，就好像一段乐曲的前奏，给客人一个"接下来会发生什么"的提示，同时也帮助客人度过那些并不是很有趣的部分，这个阶段会逐渐展开娱乐体验，但高潮还在后面。
- 一旦钩子的过程结束，我们的情绪会稳定下来，经过良好的排序，客人的兴趣会逐渐上升，在 C 点和 E 点达到峰值，偶尔在 D 点和 F 点下降一点，那也是为了下一个高潮而预先设计好的缓冲。
- 最后在 G 点有一个高潮，随后迅速到 H 点结束故事，客人也得到了满足，体验结束之后，我们希望客人仍然意犹未尽，甚至带着更多的渴望离去。

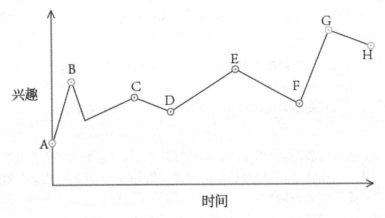

图 4-19　一条良好的兴趣曲线

值得注意的是，兴趣曲线跟总时长并不相关，你可以用在 5 分钟的表演上，也可以用在 5 小时的游戏上，甚至可以用在 500 小时的大型游戏体验上。另外，兴趣的测量有时候可以定量化，比如在《半条命》中，你可以以玩家的死亡次数为纵轴来绘制曲线图，可以清晰地看到游戏难度设定的曲线同样符合兴趣曲线。在 500 小时的大型游戏体验里，每个小段落里都能运用兴趣曲线的规律。

- 对游戏全局来说，用开场动画以及接下来的关卡提升玩家兴趣，然后跌宕起伏一会，最后以一个大高潮结束。
- 对每一个关卡来说，有开场的美术场景或者小挑战来鼓舞玩家斗志，接下来不断给玩家各种挑战来提升兴趣，直到关卡末尾，一般都会有个小 Boss（游戏中的敌方对手）来作为结尾。

- 对每一个挑战来说，每一个玩家遭遇的挑战本身可以作为一个良好的兴趣曲线来设计，初始占优，继而苦战，坚持到最后挑战成功。

一条不成功的兴趣曲线

图 4-20 展现的就是没那么成功的娱乐体验的兴趣曲线了。糟糕的兴趣曲线有着各种各样的原因，但这条曲线是特别糟糕的，而且还是我们有可能经常会碰到的。

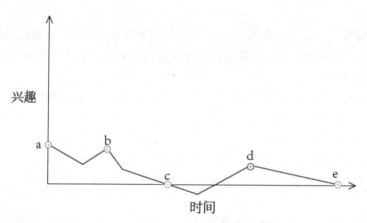

图 4-20 一条不成功的兴趣曲线

正如前面好的曲线那样，观众带着一定程度的兴趣从 a 点进来，但马上就感觉失望了，因为缺少了一个吸引人的点，于是观众的兴趣开始渐渐减弱。

终于有一些或多或少让人感兴趣的事情发生了，这是很好的，但却持续不长，只是在 b 点上推到了一个小高峰，观众的兴趣在这段小高峰经历以后又继续回到 c 点的低谷上，这已经是兴趣的最低界限了。正是这个点使得观众开始对体验不抱任何兴趣，开始改变频道，离开电影院，合上书，或者是关掉游戏。

这个凄凉的低谷也不是永久地持续下去，一些有趣的事情在后来的 d 点上发生了，但也持续不长，兴趣的确是到达一个高潮了，不过体验却最终消失在 e 点——然而这也无关紧要，因为观众很可能在某段时间之前就已经放弃体验了。

当我们在打造某种娱乐体验时，兴趣曲线是一种非常有用的工具。通过绘制出在体验过程中我们所期望的兴趣程度的变化图，一些有问题的点往往在此时变得清晰起来，也可以趁早纠正。进一步而言，当观察观众感受体验的过程时，你可以与实际观察到的兴趣程度的变化进行对比。为不同特征的人群绘制出不同的兴趣曲线是一项很有用的练习，如图 4-21 所示。根据你体验的不同，可能一部分人群会感觉体验很棒，而其他人会感觉体验很无聊（如面向"男性"的电影和面向"女性"的电影），又或者它可能是"为所有人打造的"体验，也就是为各种不同的特征人群设置的曲线。

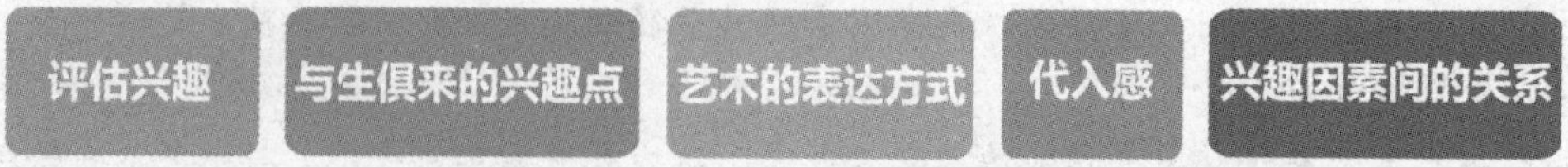

| 评估兴趣 | 与生俱来的兴趣点 | 艺术的表达方式 | 代入感 | 兴趣因素间的关系 |

图 4-21 不同人群兴趣曲线不同的影响因素

评估兴趣，事实上，量化的兴趣评估基本上是不可能的，目前还没有一个客观的指标来评估玩家的"有趣度"这样的数值。不过好在我们也不需要知道那种数值，我们只需要知道相对的兴趣程度和兴趣的变化就够了。总的来说有下面 3 种兴趣因素。

与生俱来的兴趣点，一般来说，冒险比安全更有趣，奇幻比简单更有趣，特殊比普通更有趣，一个男人决斗比吃饭更有趣，我们有着天生的偏好有趣的驱动力。

艺术的表达方式，在展示体验时使用越强的艺术手法，玩家感受到的刺激就会越强。当然需要尽量在玩家能理解的范围内加强。普通玩家不理解的话，就作为"彩蛋"给那些粉丝玩家。

代入感，可以驱使玩家用他们的想象力融入体验当中，让他们觉得这些故事像发生在他们身上一样。创造出能让玩家产生共鸣的角色。从刚接触的陌生人，逐渐了解，慢慢成为朋友，当玩家开始关心他们的成长、经历、选择的时候，他们已经在精神上把自己放到角色身上了。代入感的关键是要完整的世界观和相对稳定的角色设计。角色可以成长，但角色那些根本性的人格并不能改变，否则玩家会感到虚假、矛盾从而离开体验世界。另外，那些"游戏周边产品"也是玩家接触幻想世界的另一途径，增加玩家的代入感。

兴趣因素间的关系，观看街头表演"胸口碎大石"节目的体验是这样的：会让你觉得满足了内在冒险的兴趣，却不够艺术，也没什么代入感。小提琴演奏会让你觉得有着相当的艺术性，却不一定有内在兴趣或代入感，除非你能从音乐家身上感到一种特殊的共鸣而产生代入感。俄罗斯方块则是属于强代入感，低内在兴趣和艺术表现的游戏，玩家决定了一切，成功还是失败完全看玩家的表现。其实，大多数游戏最擅长的是让玩家产生代入感，这也是游戏体验的核心之一。

把 3 种兴趣因素放在一起，画 3 条兴趣曲线，你就能对你设计的游戏产生更深的洞见。反过来，如果从设计兴趣曲线角度设计游戏，你就会拥有更强的设计能力！

4.4 玩家社区

什么是玩家社区？简单来说就是游戏玩家讨论游戏的地方。社区是若干社会群体或社会组织聚集在某一个领域里所形成的一个生活上相互关联的大集体，是社会有机体最基本的内容，是宏观社会的缩影。除了鼓励游戏玩家分享用户体验，游戏玩家社区更赋予了玩家话语权，使他们能够左右游戏未来的发展。这将为游戏开发者提升用户终身价值（LTV）起到关键的作用。

游戏是真正能激起玩家热情的，因此毫无意外常常有各种社区围绕着游戏建立起来。这些可能是各种爱好者的社区，比如专业运动的社区；又或者是玩家的社区，比如《魔兽世界》的社区，如图 4-22 所示；还可能是设计师的社区，比如《模拟人生》的社区。这些社区都拥有十分强大的力量，它们通过不断地吸引新的玩家进来，能把一个游戏的寿命延展多年。

优秀的游戏开发者通过搜集玩家社区中的玩家反馈，能够完善游戏的规则和机制，并且进一步升级游戏和推出新的游戏角色。此外，游戏开发者还能够通过奖励性视频等营销方式，推出更具个性化的营销体验。一些游戏玩家社区由玩家自发运营，对于游戏发行商来说其维护成本微乎其微。

游戏玩家社区的另一目的是帮助游戏发行商提升游戏的知名度，并准确地传递市场信息。在电竞领域，玩家社区甚至能够通过一些有影响力的大号（玩得久的账号），为游戏背书并产生积极的影响。随着玩家社区的发展壮大，游戏开发者还能够在提升用户体验的同时，实现游戏的盈利策略。

图 4-22 《魔兽世界》"艾泽拉斯国家地理"玩家社区

但到底什么是社区呢？这个答案并不简单。它并不仅仅是由一群相互认识或者做着相同一件事的人组成。你可能每天都和同样的人一起坐地铁，但却从来不会感觉做这件事给你带来任何社区的感觉。然而你对那些喜欢和你一样的明星的人，哪怕他们是完全的陌生人，也让你有一种社区的感觉。因此社区感觉是很特别的，它很难描述，但当我们感受到的时候能识别出来。研究社区感的心理学家最终发现了社区感包括了 4 种主要的元素，如图 4-23 所示。

图 4-23 影响社区感的四个因素

（1）成员关系。某些能让你明确你是这个团体其中一分子的显著特征。

（2）影响力。成为这个团体的一分子能给予你施加在某些事物上的力量。

（3）各种需求满足。成为这个团体的一分子能为你达成某些事。

（4）类似的情感体验。你在一定程度上保证了和团体里的其他成员对某些事件有着类似情感体验。

社区是一群有着共同的兴趣、目的和目标的人，他们随着时间流逝变得越来越了解对方。作为游戏设计师，需要围绕你的游戏建立和形成起来各种社区。有如下 3 个主要原因会直接影响游戏社区的建立。

（1）成为社区的一分子能满足玩家的社会需求。人们都需要感觉成为某种东西的一分子，社会需求是很强大的。

（2）更长的"传染期"。假如我们相信对一个游戏的兴趣会像病毒一样传播（例如，一个玩家对游戏感觉很兴奋，并不断和他每一个认识的朋友谈及这个游戏），那么当玩家成为了游戏社区的一分子后，他很有可能会停留在"传染期"更长的时间，因此游戏会变成他们生活中更深层的一部分，给予他们更多可以谈论的内容。

（3）更长时间的游戏。往往玩家开始玩一个游戏是因为这个游戏带来的快乐，但长时间地停留在游戏里通常是因为社区带来的快乐。如果一个游戏拥有自己的社区，那它就会被玩家玩上很长的时间，而不管它缺少了哪些其他的特征。

社区是很复杂的，它也包含了很多各色各样相互关联的心理现象，但其中一些基础的常识有助于你打造出一个围绕着游戏的社区。

好友关系

游戏中的好友关系概念看起来是很简单的。这就像真实世界中的好友关系，只不过是在游戏中而已。要与其他人建立有意义的游戏好友关系需要满足以下 3 点。

（1）交谈的能力。要让一个社区形成起来，玩家必须能自由地相互交谈。现在绝大多数的游戏中都可以直接用文字或者语音进行交谈。

（2）值得交谈的人。你必须清楚了解你的玩家想和谁交谈，以及为什么会和这些人交谈。这一点会根据你的特征人群的不同拥有不同的特点。假如玩家不能找到他们有兴趣去交谈的人，那么他们很快就会离开游戏了。

（3）值得交谈的内容。前两点在一个好的社交软件中都能满足。但要打造出一个玩家社区，游戏里还要能不断地给予玩家各种谈资。这可以是游戏内在的深层策略，好的在线游戏必须在社区和游戏间有着很好的平衡。假如游戏不够有趣，那社区是没有任何谈资的；而假如社区对游戏的支持不足，即使玩家喜欢这个游戏，最终也会离开的。

如果满足了以上 3 点，那这就能保证游戏里会形成各种好友关系了吗？不一定。好友关系有着三个截然不同的阶段，假如你想使这些好友关系能发展和存活下来，那你的游戏必须很好地支持每一个阶段，如图 4-24 所示。

图 4-24　游戏中好友关系发展的三个阶段

友情阶段 1——打破僵局。在两个人变成朋友前，他们首先必须要遇见对方。第一次遇见别人是尴尬的。从理想上来说，你的游戏应该有一种方式能让人们轻易地找到他们想交的朋友类型，然后还有着某种方式能让他们在较低的社会压力下接触这些人，让他们能有表达自己的机会，如此双方就能了解他们是不是同样的人。

友情阶段 2——变成朋友。两个人"成为朋友"的时刻是很神秘也很微妙的，而同一个关心的话题往往会在这一时刻出现。换到游戏里，这种话题通常是关于两个人共有的某种游戏体验的。在一次紧张的游戏体验后让玩家有机会互相聊天是鼓励他们建立友谊最好的方法。另一种好办法是在你的游戏里建立一种交友的正式流程，比如把另一名玩家邀请到你的"好友列表"里。

友情阶段 3——维系朋友关系。要想和别人维系朋友关系，最好能在游戏中一起进行更多的活动。现实世界里这大多是基于朋友的，但在线上游戏里，你需要给人们某种方式去再次找到对方。这可以通过好友列表、公会，或者通过各种可以记起来的昵称。你必须为此去做一些事，否则你的游戏就会失去友情的力量，而这种力量是会让整个社区黏合在一起。

不同的人喜欢不同类型的友情关系。成人往往会对有着相近爱好的朋友最感兴趣，而孩子更喜欢和现实生活中的朋友一起玩游戏。好友关系对社区来说是至关重要的，对游戏过程来说也一样。

明确冲突

一支运动队伍之所以可以变成一个强健的社群是因为他们和其他队伍有着冲突；教师和家长之所以可以变成一个社群是因为他们都为学生们更好地学习而持续地关注学生。对游戏设计师来说，冲突是游戏中天生就有的部分，但并非所有的游戏冲突都能导致社区的形成。例如，单人游戏里的冲突是不太会产生一个社区的。你的游戏必须同时包含两类冲突，一类冲突能刺激到玩家去证明自己优于别人（与其他人的冲突对抗）；另一类冲突是需要玩家解决的并且当很多玩家进行合作时，这类冲突会变得更容易解决（与游戏的冲突对抗）。图 4-25 所示为游戏《DOTA2》的团战画面。

图 4-25 《DOTA2》的团战

建立社区公有财产

当在游戏里创造出能让多个玩家拥有的财产后，这些财产便能鼓励玩家联合起来。例如，在游戏里可能单个玩家没有能力去购买一座城堡，但一群玩家组在一起就能共同拥有这座城堡。如此这群人实际上变成了一个即时建立起来的社区，他们必须频繁交流，维系友情。当然，你创造出的财产也不是非得是有形的，例如，一个公会的地位、成就、荣誉、排名等也是一种社区公有财产。

自我表达

自我表达在任何一个多人游戏里都是非常重要的。线上游戏里，丰富且富有表现力的角色自定义系统是深受玩家喜爱的，如图 4-26 所示。同样，在聊天系统中能让玩家发送表情或者为显示的文字选择不同的颜色和字体也是很受欢迎的。

互相依赖

单独产生冲突是不能形成社区的，一个人得到其他人的协助后将有助于冲突的解决。但

图 4-26 《剑侠世界2》的玩家个人形象捏脸系统

假如你做出来的游戏能让玩家一个人就可以专精了，那你就削弱了社区的价值。相反，如果你塑造出很多场是玩家必须相互沟通和交互才能成功的，那你才给予了社区真正的价值。帮助别人的过程能带来一种深层的满足感，然而我们往往腼腆得不去帮助别人，害怕给予帮助会侮辱了他们。但假如你创造出让玩家需要互相帮助，且很容易就能寻求帮助的场合，那其他人会很快就来援助他们，而你的社区也会因此变得更活跃。

社区事件

几乎所有成功的社区都有着很多常规事件。在现实世界里，这些事件可以是聚会、派对、竞技赛、练习赛，或者颁奖仪式。而在虚拟世界里也是几乎一样的。这些事件在一个社区里能达到很多目的：

它们给予玩家一些期盼的东西；

它们创造了一种共有的体验，让玩家感觉和社区有更多的联系；

它们打破了漫长的时间，给了玩家一些可以记住的东西；

它们能保证玩家有机会和其他人联系。

这些事件的频繁通知让玩家会不断回顾，以求能推测到接下来要发生哪些事件。

游戏社区的未来

游戏社区作为人类生活中重要的一部分已经经历了好几个世纪，其中绝大部分是由专业或业余的体育团队所形成的。随着互联网时代的到来，各种新型的游戏社区也开始变得重要起来。在如今这个新时期，一个人的网络身份已经变得很重要且有着很浓的个人成分。选择一种线上的称呼和身份变成了一种重要的仪式。大多数在网上建立的身份会伴随用户一生，他们在 20 年前建立的称呼到如今还在用着，也没有打算在将来改变。而一个人能够获得的大部分印象深刻的在线体验都是通过多人游戏世界。把这点结合前面的内容我们可以很容易地想象到，在将来玩家会在他们还是小孩子的时候就在游戏里建立角色，然后在他们长大的过程中都一直把它当作个人和职业生活中的一部分。就像现在的人们通常都会一辈子拥护一支特定的球队那样。一个玩家在小时候加入的公会能影响到他们一生中的个人社交网络。那在玩家死后，这些在线身份和社交网络会发生什么情况呢？也许这些玩家会以某种形式的在线陵墓被纪念，又或者他们的角色被留传下来，传到他们的孩子和孙子那里，让将来的子孙和祖先有着一种奇特的联系。这将是在线游戏开发的让人振奋的时刻，因为游戏设计师造就的各种新类型的社区会成为数个世纪里人类文化一直长存的元素。

思考与练习

围绕学习认识和了解你的玩家，理解玩家头脑中的体验产生的原因，合理设计兴趣曲线和营造玩家社区，让我们一起进行以下深入的思考与练习：

1. 认识玩家的重要性

分析游戏设计中了解玩家的必要性。游戏的体验和情感反馈都源于玩家，因此深入了解玩家至关重要。探讨如何通过各种方式（访谈、观察、数据分析等）收集玩家信息，并将其转化为设计决策。

2. 玩家头脑中的体验

理解玩家在游戏中的心理体验，包括沉浸感、挑战感、成就感等。分析如何通过游戏设计元素（如游戏机制、故事情节等）来营造理想的玩家体验。

3. 兴趣曲线的设计

探讨如何设计游戏的兴趣曲线，使玩家保持持续的参与和投入。分析影响兴趣曲线的因素，如关卡设计、奖励机制等。

4. 玩家社区的建立

探讨如何通过游戏设计和运营手段来培养和维护玩家社区。

5. 玩家反馈的收集与应用

分析如何有效收集玩家的反馈意见，包括正式渠道和非正式渠道。讨论如何将玩家反馈转化为游戏设计的改进方向。

通过这些思考与练习，将更深入地理解游戏设计中玩家的重要性，掌握设计玩家体验和社区的方法，为未来的游戏设计工作奠定基础。

第5章
游戏机制

5.1 什么是游戏机制

我们介绍了很多关于设计师、玩家，以及游戏过程中的体验方面的内容了。我们还需要了解关于游戏的更多细节。游戏设计师必须像医院中有 X 射线的设备一样能检查游戏的"骨骼"，利用其分析和透视能力来透过游戏华丽的美术资源，快速清晰地辨明游戏内部的骨骼，而这些骨骼正是我们马上要学习的——游戏机制。

那这些被称为游戏骨骼的游戏机制到底是什么呢？游戏机制到底有多么重要呢？

游戏机制是一个游戏真正的核心，是游戏剥离美学、技术、故事设定之后剩下的交互方式和关联关系。

游戏机制是游戏的真正内核。虽然还没有完备成熟的理论来对游戏机制进行全面的解构，但我们大致可以分为 6 个组成部分：如图 5-1 所示，1. 空间；2. 对象、属性和状态；3. 行为；4. 规则；5. 技能；6. 偶然性。

图 5-1　游戏机制的 6 个组成部分

1. **空间**：所有游戏中都存在空间，但是并不是说每一个游戏空间都有自己的边界。

- 这些空间可能是分散的二维空间（见图 5-2），比如围棋、象棋、五子棋等棋盘类游戏，每一个可以放棋的格子在拓扑学（topology：研究几何图形或空间在连续改变形状后还能保持不变的一些性质的学科；它只考虑物体间的位置关系而不考虑它们的形状和大小。）上就是一个零维空间单元，有些单元与单元之间存在着连接来表达某种逻辑规则。

图 5-2　象棋中分散的二维空间

- 这些空间可能是连续的二维空间，比如游戏《超级马里奥》中的台球桌；甚至是连续的三维空间，比如游戏《反恐精英》（见图 5-3）等。

- 这些空间可能是嵌套空间，例如，有些奇幻游戏当中的洞穴、城堡等，玩家可以进入这些与外部空间完全分隔的独立空间。虽然从物理模型角度上来讲，那是不合现实的，但又恰恰符合人们对空间认知的心理模型。这种嵌套空间能很好地把复杂的世界用一种简单的方式呈现。

- 这些空间可能是特殊的零维空间，比如利用20个是非问题在游戏中猜出对方想象的东西。游戏空间是在玩家对话和玩家所想象的逻辑中存在的。

2. **对象、属性和状态**：对象是游戏空间里活动的实体，比如在一个足球游戏里，每一名球员是一个对象，球员拥有自己的速度、体能、带球能力等属性，而具体到数值时，就是状态。通常有效的做法是为每种属性制作一个状态图，让你能了解这些状态是如何相互关联的，以及状态的改变是由什么事件触发的。它是让所有的复杂性整齐地陈列出来并容易对其进行纠错的很有用的方法。图5-4所示为游戏《吃豆人》里幽灵的"行动"属性状态图。

图5-3 《反恐精英》中的连续三维空间

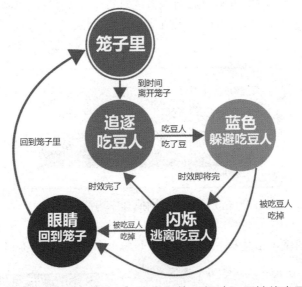

图5-4 游戏《吃豆人》里幽灵的"行动"属性状态图

当设计AI角色时，画一个"状态机"会非常有用。例如，《吃豆人》的"幽灵"角色的状态机：每一个圆圈代表幽灵的状态，双线圆圈代表初始状态，箭头代表可能的状态转换，箭头线上写着触发这个转换的事件。像这样的图在设计游戏中的复杂行为时是非常有用的，它们可以驱使你想透一个对象会发生的，以及导致它发生的所有事。这个"状态机"只是简化了的版本，还有其他的子状态没有详细地作出说明。例如，在"追随吃豆人"这一步中，还有"搜索吃豆人"与"尾随吃豆人"的子状态。

对象到底有哪些属性和哪些状态是由你决定的。对于同样的事通常有着多种方式可以表达。游戏的属性和状态并不一定需要让游戏玩家所知晓，对有些游戏比如卡牌游戏，通常玩家手中的牌只有玩家自己知道。游戏性的关键在于猜测对手的牌。

3. 行为：行为即"玩家能做什么"。有两种方式，一种是玩家可以做的基本"操作"，第二种是玩家的这个操作所导致的"结果"。比如在围棋当中，玩家的操作就是在 19×19 的棋盘中的空位落一子。但这个操作的结果就非常之多：提一个子，占一块地，做一个眼，威胁对手，弃子争先，等等。

图 5-5 《欢乐斗地主》中的游戏性在于猜测对手的牌

一个好的游戏通常会拥有一个较低的"操作"/"结果"比例，即少量的操作能产生出大量的结果。玩家在自发地创造出一些策略的同时也在为他们自己创造体验。这里有五个提示，能帮你建立一个"自发游戏"：

- 添加更多的操作，增加操作之间有意义、有变化的交互。比如"走""跑""跳""射击"比单纯的"走"拥有更多的操作间交互的可能性，也会更加有趣。但要注意过分臃肿的操作并不能为游戏带来更好的体验，注意"操作"/"结果"的比例。

- 操作大量对象，比如你可以"射击"，不但可以射击怪物，还可以射击门把手、玻璃窗、吊灯、轮胎。

- 目标可以通过多种方式达成，这一条要和上面一条配合，比如你面对一个怪物，你可以通过射击把怪物打死，也可以射击门把手逃出怪物的控制范围，还可以将吊灯射下来把怪物压住等。当然，这样的设计会让游戏平衡性受到挑战，如果玩家拥有了一种具有明显优势的选择，那么玩家可能总会坚持那种选择。

- 大量的主对象，主对象即能发出操作动作的对象，比如围棋的棋子。围棋的魅力来自大量的棋子，事实上，对于围棋来说，玩家实际上拥有无限的棋子，只是在棋子用完之前游戏一定会结束。

图 5-6 围棋

- 操作带来的游戏空间的改变。例如在围棋中，每一颗棋子在棋盘上与其他棋子一起所形成的"势"会使玩家不停地改变策略。对围棋来说，有的规则还规定棋盘上不允许同样的棋形再次出现。

4. 规则：规则是机制中最基础的部分。它们界定出空间、对象、行为、行为的结果、行为的约束条件，以及各种目标。换句话来说，它们让我们至今看到的所有机制变得可能，且为游戏添加了一样至关重要的东西来让其成为一个游戏——也就是各种目标。

游戏史学家 David Parlett 做了一项很棒的工作，他对游戏中不同种类的规则进行分析，如图 5-7 所示。

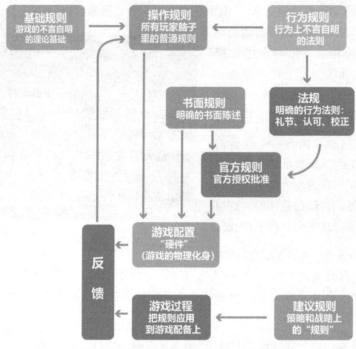

图 5-7　David Parlett 的规则分析

- 操作规则：玩家在游戏中需要做什么？当一个玩家了解操作规则之后，就可以开始玩游戏了。

- 基本规则：我的理解是，玩家的目标，以及状态变化的一种数学表现。通常玩家并不知道这些，设计师也很少正式地将全部基本规则文档化。

- 行为规则：行为规则是隐藏的，玩家间默认的规则，比如观棋不语，落子无悔等。

- 书面规则：书面规则就是玩家需要知道的游戏规则的书面文字版本，通常只有很少数人会阅读这些文字。大多数玩家通过他人的讲述和介绍，或者游戏中可交互的新手教程来学会怎么玩这款游戏。游戏设计师应当让玩家轻松地了解如何去玩你的游戏。

- 法规：只有在很严肃的竞技性比赛场合才会有这样的规则，这些规则通常被称为"竞标赛规则"。比如三局两胜、淘汰赛规则等。法规是在游戏规则之外确保平衡和公平的一些规则。

- 正式规则：正式规则是法规和书面规则结合在一起的规则，有时候法规最后会同化到书面规则里面，比如"五子棋"当中的禁手规则。

- 建议规则：建议规则并不算规则，只是为了让玩家玩得更好的一些提示。比如围棋里面的开局定式。

- 小众规则：玩家在玩的过程当中，可能会不满意游戏中的某些设定，或者想平衡玩家间的技术差距而自行进行的改动。比如围棋中的让子。

除了以上这些，规则当中最重要的部分是目标，游戏目标拥有三个特征：

（1）玩家们能清晰地理解并复述出他们的目标。（2）玩家认为他们有机会达到目标。（3）完成目标后的奖励。

5.技能：大多数游戏需要玩家掌握技能，这些技能可大致被分为3类：

- 身体技能：包括力量、灵活度、协调性和耐久力，经常是体育游戏的重要部分，有些视频游戏也会要求手眼配合能力。

- 脑力技能：这些技能包括记忆力、观察力、解密能力。有些人可能会回避一些脑力游戏，但大多数好玩的游戏都需要脑力来做决策。

- 社交技能：包括洞察对手的想法，蒙骗对手以及与队友合作等。

以上技能都是玩家的真实技能，除此之外还有虚拟技能，比如游戏角色的等级，招式等。在玩家真实技能没有任何提升的前提下，提升游戏角色的虚拟技能，可以给玩家带来特别的感受。当然，如果滥用的话，会让人感觉很虚伪。

6. 偶然性：最后这个机制将与其他五个机制互相作用。这也是一款游戏中的核心部分，不确定性意味着惊喜，是乐趣的神秘要素。

设计师最好能懂一些基本的排列组合、概率论、期望值算法以及计算机辅助模拟算法。如果没办法的话，至少要知道谁了解这些知识并可以帮助你。

但设计师不是数学家，设计师除了关心事件的"实际概率"，同时还要关心"感知概率"。所谓感知概率是人们可能在内心中高估或低估的一些概率。比如自然死亡的概率会被低估，而非自然死亡的概率则会被高估。此外，还要考虑风险厌恶型和风险偏好型的玩家，他们并不完全依据期望值来选择。尤其是你并没有告诉玩家具体的数值，玩家自己凭感觉选择的时候。

对于玩家来说，技能和概率是纠缠在一起的。比如：

- 评估概率对玩家来说是一种技能。

- 评估对手能力，制造一些假象，比如表现得让对手认为你很强，从而阻止他们采取高风险的行动，或者表现得让对手认为你很弱，从而诱使他们轻敌或冒险。

- 预测和控制纯随机是一种想象力，玩家会有意无意地寻找模式，寻找原因和显现的结果之间的关联，即使是纯随机事件。作为一名设计师，应该理解并利用玩家的这种心理，让玩家觉得通过一些行为得到了一些东西从而得到更大的乐趣。

游戏设计中的双重挑战与复合机制

机制、挑战和目标是游戏当中最为核心的几个要素。在某些游戏当中，我们能够看见单个机制对单个挑战完成单个目标的关系，例如《俄罗斯方块》。不过并非所有游戏的核心要素的关系链都是如此，有些游戏具备双重挑战，而有些游戏被称作复合机制游戏。为了理清这两个概念，我们可以从媒介的角度入手，观察虚拟角色的动作与玩家真实动作之间的关系，并根据这些关系来进行分析。

具象机制与抽象机制（图5-8）

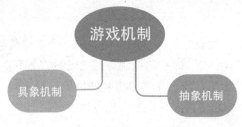

图5-8　游戏中的具象机制与抽象机制

对于任何一款电子游戏而言，都需要借助媒介的力量才能够影响游戏中的虚拟世界。例如在街机上进行格斗游戏之时，玩家需要摆弄街机的摇杆、按钮才能够使虚拟角色执行相应的动作。玩家在输入媒介上进行的动作和虚拟角色的动作存在着一定关联，这个关联便是游戏所规定的操作方式。

在很多游戏当中，玩家的真实动作和虚拟角色的动作存在很大差别。例如在《超级马里奥》系列（图 5-9）中，马里奥作为虚拟角色，其"跳跃"动作对应的是玩家"按下键盘空格键"的真实动作。我们通常将虚拟角色的动作称为"游戏机制"，并将执行频次最高的游戏机制称为"核心机制"。

图 5-9 《超级马里奥》

再次以《超级马里奥》为例，游戏机制包含"跳跃""开枪""杀死怪物"等，而核心机制则是"跳跃"，毕竟该动作相对于其他动作而言，被执行的概率更高。观察玩家的游戏过程可以发现，为了使马里奥进行跳跃，玩家必须按下电脑键盘的空格键，因此在完整的游戏过程中，玩家会反复按下空格键，因此"按下键盘空格键"成为了玩家在现实空间中进行最多的操作。

于是，我们可以将"游戏机制"拆分为"具象机制"和"抽象机制"两个概念："具象机制"形容玩家的真实动作，例如"点击手机屏幕""按下电脑按键"等。它是非常具体的，依赖于媒介的，对于旁观者而言，他们能够知晓如何玩这款游戏；"抽象机制"则形容虚拟角色的动作，例如马里奥的"跳跃"，虚拟赛车的"漂移"。它之所以是抽象的，是因为其独立于媒介，当旁观者观看到虚拟角色执行这些动作之时，他们并不能够直接想象出玩家的真实动作，即不能够立刻获知这款游戏是如何玩的。

交互方式越简单，具象机制与抽象机制的相似度也愈高，例如在平板电脑上进行《水果忍者》游戏，具象机制是快速滑动屏幕，抽象机制则是"切"水果，这两种动作相似度很高，因此极易上手。体感游戏和虚拟现实游戏之所以能够为玩家营造良好的生理沉浸体验，其原理亦是如此。

双重挑战（图 5-10）

在很多游戏当中，当玩家触发具象机制之时，即立刻命令虚拟角色执行了抽象机制，例如在很多二维射击游戏当中，按下"WASD"即立刻控制虚拟飞机的"上下左右移动"，点击鼠标左键之时也立刻触发了"发射子弹"的虚拟动作。在具象机制和抽象机制之间，不存在任何挑战，游戏的唯一挑战在于为了达到游戏目标而思考何时何地触发何种抽象机制上。

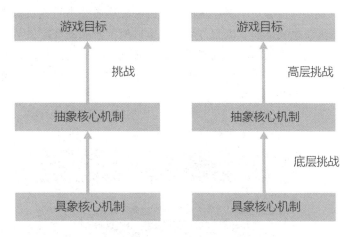

图 5-10　具象核心机制与抽象核心机制的双重挑战

　　而双重挑战型游戏则在具象机制与抽象机制之间营造了另一层挑战。在很多大型动作游戏当中，为了触发角色执行某个动作，通常需要我们快速按下一系列的按钮，这类游戏实际上便提供了双重挑战，首先为了战胜对手，玩家需要根据对手的位置、能力等做出战略判断，得出需要执行某个机制的结论，此为第一层挑战；而为了触发目标机制，玩家需要根据操作方式以一定顺序快速按下多个按键，此为第二层挑战，该挑战是对玩家记忆力、反应力和手指灵活性的挑战。

　　《极品飞车》系列（图 5-11）中，在虚拟跑道的弯道上，玩家首先需要根据跑道思考漂移的时机和幅度，其次则是为了达到自己所需的目标在手柄上同时按住代表方向盘、刹车、油门等的按键。漂移的动作并非简单按下一个按键即可执行，而是需要玩家熟练地配合操控摇杆与其他按键才会实现。而理想的漂移则需要在考虑到不同的赛道、不同的天气、不同的车辆等诸多因素的影响后通过在较短时间范围内的按键和摇杆推移操作才能实现。

图 5-11　《极品飞车》

　　某些音乐游戏亦具备着双重挑战，例如《我的电台》（*Inside My Radio*，图 5-12）中，玩家在触发"跳跃"等抽象机制之时，按下电脑键盘的时机必须准确地配合背景音乐的节奏，否则玩家不能够触发抽象机制。

　　理论上，双重挑战型游戏相较于单层挑战型游戏，为玩家营造的挑战层级更多，应对挑战的技能也更多，但是玩家无法将所有的精力运用于针对某一层的挑战的技能熟练

图 5-12　《我的电台》

上，因此玩家对于技能的熟练速度相较于单层挑战型游戏而言更慢，因此在制作双重挑战型游戏中，即便关卡的挑战难度上升幅度相对较小，也能够创造出持续时间更长的游戏内容（图 5-13）。

然而双重挑战型游戏却存在着一个在可玩性方面的隐患。游戏本身为玩家提供了一个灵活应变的环境，玩家可以随心所欲地触发抽象机制，然而双重挑战型游戏的底层挑战却使得游戏的灵活性大幅下降，因为每次为了触发抽象机制，玩家还需优先攻克一层挑战。底层挑战扮演了束缚玩家的角色。制作精良的游戏能够将高层挑战和底层挑战进行完美的配合，使得玩家能够沉浸于自由度被一定程度约束后的另一种可玩性体验当中。

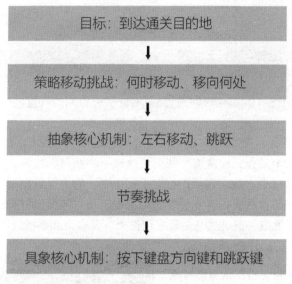

图 5-13 《我的电台》玩家思考顺序

复合机制（图 5-14）

　　与双重挑战不同，复合机制在于触发具象机制时，不仅仅执行了一种抽象机制，而是同时触发了两种。

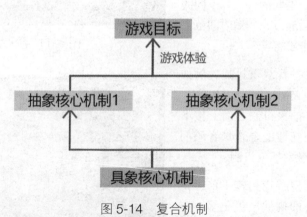

图 5-14 复合机制

　　在游戏《超级马里奥》当中，触发马里奥进行跳跃时，如果跳跃的落点恰好在于某个怪物的上方，那么马里奥则能够消灭这个怪物。即玩家实际上同时触发了"跳跃"和"消灭怪物"两个抽象机制。因此这类游戏属于复合机制游戏。

在复合机制的游戏过程中，玩家往往不会出现手忙脚乱的现象，但依旧能够感受到相当的挑战难度。《超级马里奥》与《魂斗罗》不同，后者虽然需要玩家控制跳跃和射击，但这两个抽象机制是分别对应于不同的具象机制，因此玩家需要将精力分配在两种动作上。然而在《超级马里奥制造》（图 5-15）当中，除行走外，玩家只需要控制好对应于"跳跃"的这一种具象机制，针对仅此一种的机制，何时何地触发能够产生最优的效果，才是玩家在游戏过程中需要不断思考的问题，因此在关卡设计良好的情况下，这类游戏往往体现出很强可玩性。

图 5-15 《超级马里奥制造》

机制、挑战与目标是游戏当中最为核心的三个元素，不过游戏的框架也并非只有单一机制、单一挑战与单一目标互相链接的形式，实际上，双重挑战与复合机制的特点在非常多的游戏作品当中都有体现，它们呈现了三种游戏核心元素的不同组合方式，也为玩家营造了更具特色的"玩"的体验。

5.2　游戏机制的平衡

对游戏设计的初学者来说，往往会盯着游戏的趣味性不放，而忽视了游戏平衡的设计工作。但事实上一个游戏的平衡是需要不断调整游戏中的各种元素，直到它们能传达出游戏设计师想要的体验为止。平衡游戏的过程是一门科学，这个过程中通常只牵涉到简单的数学原理，也会涉及一些心理学的知识。但它一直被认为是游戏设计中最具艺术性的一部分工作，因为你需要理解游戏中各种元素之间的微妙关系，知道哪些部分能更改，如何更改这些部分，以及使哪些部分保持不变。

游戏平衡的难点在于没有任何两个游戏是一模一样的，每个游戏都有着很多不同的因素是需要平衡的。作为设计师，你必须辨明游戏中的哪些元素是需要平衡的，然后试着改变它们，直到它们能产生出你希望玩家拥有的确切体验。

游戏平衡可以以多种不同的形式进行，因为不同游戏的平衡所需要平衡的元素也是不同的。尽管如此，也有一些平衡的模式是被反复使用的。平衡游戏的过程是需要细心地检验的。我们综合归纳出以下 13 种最常见的游戏机制的平衡类型。

平衡类型 #1：公平性

公平的游戏意味着其中的一方并没有比另一方拥有更多优势。有三种方法可以实现游戏的平衡：

对称的游戏，所有玩家在初始状态下拥有等同的资源和力量。大部分传统的桌面游戏 [例如跳棋、国际象棋（图 5-16）和大富翁] 及几乎所有的运动都利用这种方法来确保所有玩家处于同一起跑线。这种模式很容易就会分出双方的强弱，因为游戏中所有的设置都是同等的，只有不同玩家在游戏里表现出来的技能和策略互不相同而已。但仍有一些小的不平衡，例如"谁先开局"或者"谁先发球"。有时候会给其中一方带来一点小优势。这时候抛个硬币决定这些小的不平衡是个很好的"平衡"手段。此外，玩家也可以利用这些小的不平衡来弥补技术上的不平衡，比如围棋中的"让先"。

图 5-16　国际象棋具有对称性

非对称游戏，并非所有游戏都可以做成对称的游戏，有些模拟真实情况的游戏，或者非常个性化的游戏并不能做到对称（图 5-17）。此外，非对称的魅力还在于，当两个玩家各有 10 个不同的角色可以选择时，就可以出现 10×10 种组合，如果再加上团队与团队的对抗，比如 5 vs 5 的团队对抗赛，那么各种配合和策略能大大提升游戏的可玩性。同时，当玩家默认游戏是平衡的时候，他们会很好奇地探究处于不同角色制胜的不同策略。但平衡此类游戏比较困难，通常设定的技能点数分配的权重值是非常模糊，只能靠感觉来量化的。花上 6 个月时间来平衡这些数值也并不算久。

图 5-17　《第五人格》具有非对称性的游戏

石头剪刀布游戏（图 5-18），与非对称游戏不同的是，这类游戏的平衡性并不在于每个角色的权重的相等，而在于每个角色都有克制的角色和被克制的角色。就像石头剪刀布一样，一种可以平衡各种元素公平性的简单办法就是确保游戏中的某样东西对另一样东西有优势，而这样东西又会被别的某样东西压制！例如在石头剪刀布在这个游戏中：

- 石头能砸坏剪刀。

- 剪刀能剪破布。

- 布能把石头包起来。

没有哪种元素是至高在上的，因为总有另一种元素能打败它。这种简单的方法只要确保每种游戏元素都有着强项和弱项就可以了，格斗游戏特别喜欢利用这种技术来确保游戏中没有任何不可击败的角色。

平衡你的游戏，让它感觉起来是公平的，这点是游戏平衡中最基础的类型。你肯定希望把公平的透镜用到你所做的任何一个游戏里。

图 5-18　石头剪刀布

平衡类型 #2：挑战

让玩家停留在"沉浸"状态是一个好游戏的标志，而让玩家停留在沉浸状态则需要平衡挑战与玩家的技能之间的关系，让玩家感受到恰好的挑战的同时，意识到自己的技能也在进步（图 5-19）。下面是平衡挑战的方法：

提升每次成功的难度。这是关卡游戏普遍的模式，玩家需要不断提升他们的技能直到完成关卡才可以继续。但要注意让熟练的玩家能迅速通过简单的关卡，避免他们感到厌倦。

图 5-19　DJ MAX

评价玩家表现。在玩家通过一个关卡后给出评价，比如得到"C"或以上评价的玩家可以继续玩下一关。当完全解锁所有关卡之后，有些玩家会希望重新刷一遍来得到"A"或"S"等级的评价，甚至如游戏 DJ MAX 中有特殊的成就——玩家必须正好完成 77.7% 的命中率才能拿到，追求完美主义的玩家会不停地刷关卡以求获得这个成就与成就感。

让玩家选择难度等级（图 5-20）。在早期的RPG 中经常出现的机制，是让玩家自行选择"简单、中等、困难、地狱"等难度级别。这样的优点在于玩家能够迅速找到适合自己技能水平的挑战。缺点是你需要平衡游戏的多个版本。

图 5-20　《暗黑破坏神 II 》中的难度系统

注意让不同的玩家来进行试玩，找有经验的玩家和新手玩家同时试玩，确保他们在游戏过程中都能保持持续的兴趣。游戏平衡过程中的一个最棘手的挑战在于游戏每进行一段时间后的难度设置。很多设计师担心玩家会太轻易打穿游戏，于是让后面的关卡难得可怕，结果让90%的玩家都充满挫败感地放弃游戏。这些设计师指望靠提升挑战来延长游戏寿命，虽然这点是可能的——如果你花了40个小时去打通第9关，那很可能你还愿意花上更长的时间去打通第10关。但事实上市场上有如此之多的竞争产品，很多玩家往往都会因挫败而放弃。作为一名设计师，你需要问问自己："我希望有百分之几的玩家能打通这个游戏呢？"然后就为这个目标而设计。

平衡类型 #3：有意义的选择

一款游戏通常有很多需要玩家做选择的地方，比如"我该去哪？""我该如何使用资源？""我该使用什么能力？"等。一款好游戏需要有意义的选择，首先一个选择需要对即将发生的事情有真实的影响；其次，选择之间有足够的区别；最后，尽量避免优势策略，即玩家明确地知道某个选择优于其他所有选择。

在有了有意义的选择之后，设计师面对的下一个问题是，在一个决策中，应该提供多少有意义的选择呢？ Michael Mafeas 指出，玩家选择的数量取决于玩家对事物期望的数量。如果选择比玩家的期望多，玩家会感到繁杂不清晰。比如当玩家只期待两条岔路的时候，不会想看到有二十条岔路。如果选择比玩家期望少，玩家会感到失落，不自由。比如玩家期待有大量不同建筑物供选择的时候，不会希望只有两种。当选择等于期望时，玩家才感到"自由"和满足。

当然，有时候偶尔突破一下玩家的期望，可以使玩家感到惊喜并引起好奇。突破期望之后要给予玩家相应的价值，也就是回报。高风险意味着高回报，安全意味着低回报，保持期望值相等，也就平衡了（图 5-21）。这里的难点在于风险的评估，也就是玩家成功率的估算，我们甚至需要为此建立模型，然后平衡游戏，反过来再测试模型。当模型正确的时候，游戏也就平衡了。

图 5-21　风险与报酬

平衡类型 #4：技能与概率

过多的概率会抵消玩家技能对游戏的影响，反之亦然。有一些玩家希望游戏中有尽可能少的概率，他们关注的游戏更多的是像体育竞技之类的比赛。另一些玩家则相反，偏好轻松休闲的游戏，因为大量的结果取决于运气。其中一种平衡技能与概率的方法是在游戏中交替使用概率和技能。比如掷骰子是概率，决定走哪个棋子，怎么走则是技能。使用这样的方法可以建立"紧张 - 放松"的交替，让玩家感到非常愉快。

偏重技能的游戏会更像体育比赛那样通过判定系统来决定哪个玩家是最棒的；偏重概率的游戏（图 5-22）往往有着更放松和休闲的特质，毕竟大部分的结果都是听天由命的。为了达到这两者的平衡，你必须了解技能和概率的比例该是多少才合适你游戏的受众。

图 5-22　《大富翁 7》中的掷骰子

平衡类型 #5：动脑与动手

　　这类平衡是非常简单易懂的：你的游戏里该包含多少的成分是需要有挑战性的身体行为的呢（例如驾驶、投掷，或者是敏捷地按键）？又有多少成分是需要思考的呢？这两者并不如它们表面看上去的那样独立——很多包含了策略和解密成分的游戏同时也需要速度和灵敏，其他游戏也会交替着利用这两种玩法来做出变化。

　　思考一下，你游戏的目标玩家是偏好动手的还是偏好动脑的呢？当你有前作的时候，突然改变风格有可能会丢失大量目标受众，比如《吃豆人 2：新的冒险》（图 5-23）在前作的基础上加入了一些解谜的元素，你需要巧妙地控制吃豆人在不同情感状态间的转换。那些期待大量动作少量思考的玩家会对此感到失望，而那些寻找解谜的玩家又基本上不会玩这款游戏。和技能与概率一样，这个平衡并不意味着平等，纯动脑和纯动手的游戏一样可以吸引大量玩家，关键是对目标群体的定位。

图 5-23　《吃豆人 2：新的冒险》

动脑与动手并非是独立的两个部分，在有些冒险游戏中，有些策略需要兼顾动脑和动手，比如"放风筝"的游戏操作玩法，在挑战 Boss 的时候打游击战，走位和时机需要兼顾。除了同时兼顾动脑和动手之外，交替强调两种技能也是很好的平衡方式。

平衡类型 #6：对抗与协作

游戏的对抗与协作是另一个需要考虑的元素，出于高等动物侵略性的本能，多数玩家更期待在游戏中进行对抗。因此，虽然出现过非常有趣的协作类游戏，但对抗类游戏数量要比协作类游戏多很多。有些游戏则会结合两者，玩家需要时而对抗时而合作。还有些游戏则更自然地结合了两者，让玩家进行组队对抗，组内合作与组间对抗（图 5-24）。

一些游戏还利用各种有趣的方法来把对抗和协作融合在一起。很多街机游戏可以单个人玩，玩家是和很多电脑控制的敌人对抗的；它也可以两个人玩，此时两个玩家在同一个场所里一边对抗敌人一边进行比赛。

虽然对抗和协作是两个极端的反面，在某些情形下你也可以把它们结合在一起，得到一个最棒的效果。怎么做到这点呢？通过团队竞技的方式！这在体育运动里是很常见的，随着网络游戏的兴起，团队竞技模式在视频游戏世界中也会盛行起来。

图 5-24 《守望先锋》作为团队竞技游戏，需要队员相互合作击败对手

平衡类型 #7：时间长短

游戏过于冗长，玩家们会烦躁甚至放弃这个游戏。过于简短，玩家也许就没有机会来发展和执行有意义的策略。但是如何决定游戏的时长，不同的玩家也会有不同的标准。平衡时长你可以：

修改规则，甚至可以设计成让玩家能自行修改规则来延长或缩短时间，比如"大富翁"通常会在 90 分钟内结束，但有些玩家会取消"现金彩票"和"购买道具限制"来延长游戏的时间。通常情况下，把平衡交给玩家自己调节是不明智的行为，毁掉一个游戏最快的方式，就是给玩家一个数值修改器。

修改游戏结束的胜利和失败条件，比如有些游戏会给玩家在初始阶段无敌的状态，让玩家至少可以撑过这个阶段，而不至于让新手玩家一下子就死亡。

打破僵局，比如在 Minotaur（图 5-25）中需要数名玩家互相对抗直至产生一名胜利者，但游戏可能会陷入僵局。设计师加入了一条规则，20 分钟后，所有幸存的玩家会进入一个充满怪物和危险的小房间里，没有人能活很久，这样游戏会在 25 分钟内结束，但仍然有胜利者。

平衡类型 #8：奖励

游戏的奖励并非只是告诉玩家"你做得很好了"，更是为了满足玩家的需求。下面列举了一些奖励类型。

称赞：这是最简单的奖励。明确的语句，或者音效，或者是游戏中的角色告诉你"我对你做了评价，而你做得很好"（图 5-26）。

图 5-25　Minotaur

图 5-26　《英雄联盟》中五杀后的称赞奖励

得分：在很多游戏中，分数仅仅是对一个玩家的成就（技能、运气）或操作的及时反馈。而如果有高分榜的话，分数本身的价值会更突出，最好辅以其他进行奖励进行配合。

延长：游戏时间本身就是奖励，比如马里奥的绿蘑菇和 100 金币加条命。

新世界：通过一个关卡之后，开启下一个关卡的大门。

奇观：比如通关动画或者彩蛋，一般很少用来满足玩家，需要其他奖励配合。

展现自我：有些奖励在游戏中并没有任何用处，比如某些卡牌游戏当中的金卡，但对于玩家来说，满足了他们展示的欲望。

能力：在游戏中得到能力提升，比如 RPG 中升级的概念，《超级马里奥》中玩家吃蘑菇会变大。

资源：这是游戏当中最经常的一种奖励，比如食物、弹药、能量、血量等，或是直接的金钱，玩家可以进行自由分配。

完美：完成游戏当中所有的目标，给玩家带来特别完美，没有任何遗憾的感觉。通常这是最终的奖励，这也意味着，玩家在游戏中已经不需要前进了。

成就：该系统由微软 XBOX360 首创，后被大多数游戏引入。旨在为玩家提供新的挑战，满足以目标为导向的玩家需求，当你在他人面前自豪地展示这些成就时，你一定会非常引人注目。

玩家对奖励的期待并不是线性的，随着玩家不断深入游戏，玩家会希望增加奖励的价值。设计师可以在游戏中后期给予玩家更高的奖励，也可以试着给予玩家不断变化的奖励，给玩家以新鲜感和惊喜。

平衡类型 #9：惩罚

和现实中的惩罚不一样的是，游戏中的惩罚，更多的是一种反馈，合理运用可以增加玩家在游戏中的乐趣。在游戏中使用惩罚机制，可以达到三个目的：①建立内源性价值，会被剥夺的资源反而更有价值。②平衡奖励与风险，有风险才有更大的奖励，没有惩罚的风险太小了。③提升挑战，如果只是在平地上走，半米宽的长廊没有任何挑战，但是一旦下面是万丈深渊，同样的半米宽长廊就变成了巨大的挑战。下面是常用的惩罚类型：

负反馈：与称赞相反，游戏会告诉你"你挂了"，或者"你失败了"。

损失分数：这类的惩罚并不常见，因为分数本身的价值并不高，可以损失的分数反而降低了分数的内源性价值。

缩短游戏时间：在游戏里"输掉一条命"是这类惩罚的常见例子。

结束游戏：Game Over（图 5-27），玩家最不希望见到的字幕。

回档：玩家在游戏中会回到某个时间点 / 存档点 / 地点，比起结束游戏，这个设定更人性化。

失去技能：有时候这个惩罚的价值很难把握，因为不同的技能，不同的玩家，有着不同的价值理解。

图 5-27 《无主之地传说》中的"GAME OVER"

消耗资源：和获得资源相反，是最常见的惩罚手段。

如果你需要鼓励玩家做某些事情，最好用奖励去诱惑，而不是用惩罚去控制。有时候甚至相同的效果，用奖励和惩罚的手段会令玩家产生截然不同的看法。

当惩罚不可避免时，要注意轻量惩罚会让战斗变得没有风险而枯燥，而过于严厉的惩罚会让玩家在战斗中过分小心而不敢冒险。混合不同的惩罚手段有时候能更好地兼顾谨慎的玩家和喜欢冒险的玩家。惩罚的关键是让玩家能够理解并知道避免惩罚的方法，当惩罚让玩家感觉随机，不可阻止的时候，玩家会认为游戏不公平，很少有玩家会继续下去，记住"公平感"是游戏的底线。

平衡类型 #10：自由与控制的体验

游戏都是有交互性的，交互的目标是让玩家在体验上有控制权，或者说是让他感觉自由。但该给玩家多大控制权呢？给予玩家过于自由的控制能力并不意味着更多的乐趣，有时候也意味着厌烦，游戏并非真实生活的模拟，而是一个抽象的、精简的、有趣的模型。去掉复杂和不必要的选择和行为，会为玩家带来更好的体验。

平衡类型 #11：简单与复杂

游戏机制的简单和复杂也是需要平衡的。人们会用简单或复杂来评价一个游戏，然而并不意味着那是褒扬。此外，一个简单的游戏可以很复杂，比如围棋。一个很复杂的游戏也可以很简单，比如三维弹球。事实上，游戏的复杂性需要分两部分来考虑：

先天复杂性。某些游戏规则具有相当的复杂度，比如国际象棋中兵的走法：兵的第一步向前可走一格或两格，以后每次只能向前走一格，不可向后走。但吃对方棋子时，则是向位于斜前方的那格去吃，并落在那个格。一方的兵如果从开始的位置移动到对方的最后一行，则这个兵可以改变。改变的兵可以变成该方的马、象、车或后的其中一种，而不能变成兵自己或王。内源复杂性一定程度上能够增加涌现复杂性，但通常内源性越复杂，游戏越糟糕。

自发复杂性。比如棋类游戏和球类竞技游戏的规则异常简单，但是变化出来的复杂性（图 5-28）却令人发指。玩家非常喜欢这种自发的复杂性。唯一的问题可能是，自发复杂性通常对策略要求也很高，难以平衡新手和熟手之间的差距。

用简单的复杂性来完成大量的涌现复杂性是一个极好的游戏，如果难以做到，那么增加内源复杂性来达成涌现复杂性也是可以接受的。

自然：平衡内源复杂性时，有时可以将复杂性融入游戏当中从而让玩家感到很自然。比如在《太空侵略者》（Space Invaders，图 5-29）里外星人的速度随着其数量越少而越快。玩家需要提高技能来对抗，但并不需要学习这个复杂性。又比如《吃豆人》里面的小点，它身上拥有的规则包括了"降低玩家速度""给玩家目标""给玩家得分"。减少游戏中的对象，合并游戏对象的功能，是精简游戏的一个很好的方式，但要优雅。

图 5-28 国际象棋玩法的复杂性

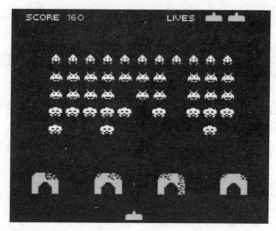

图 5-29 《太空侵略者》

个性：为游戏设计一些意外的元素，比如马里奥的设定是一个水管工人。这跟他的能力或者所在的世界并没有任何关系。但这种设计却赋予了这个游戏个性。

平衡类型 #12：细节与想象力

游戏不是体验，游戏只是玩家用来产生体验的媒介，游戏需要细节，也需要留白，让玩家用自己的想象力为之填充。下面是平衡细节与想象力的几个方法：

只细化你能做好的部分。如果你表现出来的事物质量低于玩家的想象力，那就不要做！比如语音、背景、动画、任务、特效、音效……如果你不能很好地制作出来，不妨交给玩家想象。

为想象力提供细节。比如国际象棋，它本可以用抽象的形状来制作棋子，但是换成中世纪的背景，有国王，有骑士，更能让玩家感受到战争的感觉。同时，不同的棋子有着不同的走法，这些细节能让玩家更好地掌握这些棋子的功能。

为不熟悉的世界提供细节，玩家很熟悉的世界并不需要细节，玩家自己可以填充，但是对于不熟悉的世界，则很难想象。

利用望远镜效应。望远镜效应是指利用镜头的转换，切近，切出，来获得每个细节，之后展现全局时用抽象的个体可以充分唤起玩家的想象，也是利用很少的细节获得想象力的一种方式。

平衡类型 #13：经济体系

这是一个额外的平衡体系，游戏经济很简单，就是如何赚钱和如何花钱的设定。但是想要经济体系达到平衡的状态却非常困难，经济体系平衡的难度可能会远远超过整个游戏其他部分的平衡难度（图 5-30）。尤其是大型多人在线游戏中玩家可以相互交易的经济系统，平衡起来更是噩梦。有不少经典的游戏就是因为引入了玩家间交易而被认为是"不公平"的，从此一蹶不振。因此，这是个需要谨慎考虑的平衡，这里列举一些需要平衡的事物：

公平：玩家是否通过购买某些特定物品而获得了明显的优势呢？或者以意料之外的方式赚钱呢？

挑战：玩家是否通过购买一些特定物品而使游戏变得过于简单？或由于需要购买某些特定的物品而使游戏变得过于困难？

选择：玩家获得金钱的方式有几种？花钱的方式有几种？是否满足"有意义"的选择呢？

图 5-30　经济体系需要平衡的事物

概率：获得金钱的方式是基于技能还是基于概率的呢？

协作：玩家能否以有趣的方式屯钱？玩家会联合起来利用经济漏洞牟利吗？

时间：游戏中需要花在赚钱上的时间是否合适？

奖励：获得的金钱是否值得？花的钱是否值得？

惩罚：惩罚如何影响玩家赚钱的能力和花钱的能力？

自由度：该给玩家以他们期望的方式赚钱和花钱吗？

5.3　机制引发的问题

　　很多年轻游戏设计师的梦想是设计出一款"绝对平衡的游戏"，他们希望能做出一个系统，让它能"实时地根据玩家的技能水平来自动调整"。换句话说，当游戏对玩家来说太难或者太容易时，游戏能检测到这点，然后自动调整难度，直到变成合适于玩家当前的挑战程度为止。这的确是一个很美好的梦，但这个梦充满了很多让人目瞪口呆的问题。这个世界上没有任何事物是"绝对的平衡"，大自然也不例外。

- **它破坏了世界的真实性。**玩家在某种程度上是想相信自己身处的游戏世界是真实的。但假如他们发现所有对手的能力都不是绝对的，而是相对于玩家的技能水平变化的，这样会破坏了他们原本的幻觉，使得他们不再相信这些对手是一定会遇到的，而且自己也一定能战胜这些不变的挑战。

- **它会被玩家利用。**假如玩家知道游戏会在自己玩得糟糕的时候变得更容易，他们可能就会选择玩糟糕一点，从而让接下来的部分更容易通过，这完全破坏了设计这种系统自平衡的初衷了。

- **玩家通过练习是可以提升的。**PS2 的《无敌坦克》（图 5-31）中假如你被敌人多次打败到一定次数后敌人会变得更容易，这引起了玩家激烈的争论。很多玩家感觉这种做法是侮辱了他们，而其余的玩家觉得很失望——他们原本希望通过不断练习来最终赢得挑战，而游戏分明是把这种快乐给剥夺了。

图 5-31 《无敌坦克》

所有这些也并不代表动态游戏平衡就是一条死路了。我只是想指出，实现这样一个系统并不是想象中那么简单而已。我猜想通过在这个领域上的不断研究，最后应该能引出一些巧妙和颠覆常规的创意。

游戏平衡在广度和深度上都是一个很大的课题，每个游戏都有着自己需要平衡的独一无二的内容，因此要覆盖到所有的内容是不可能的。你可以通过对自己作品不断的迭代改良去寻找可能遗漏了的平衡问题。

思考与练习

围绕游戏原型制作和游戏机制的构成、游戏平衡的策略、机制引发的问题，以及它们在游戏设计中的应用，让我们一起进行以下深入的思考与练习：

1. 分析游戏的核心机制

选择一款你熟悉的游戏，详细分析其核心游戏机制，包括空间、对象、属性、状态、行为、规则、技能和偶然性等要素。绘制一份状态机图，展示游戏中一个关键对象的状态转换过程。

2. 探索对称与非对称游戏的平衡

对称和非对称的设计对游戏的策略性和多样性有何影响？如何在非对称游戏中确保不同角色之间的平衡，避免一方过于强大？

3. 调整挑战与玩家技能的匹配

如何通过游戏机制来动态调整游戏难度，以适应不同水平的玩家？过高或过低的挑战对玩家的体验有何影响？你可以采用哪些方法来平衡挑战，使游戏既有趣又不过分困难？

4. 平衡技能与偶然性的比例

当游戏中偶然性过高时，玩家会有怎样的感受？如何通过调整技能与偶然性的平衡，来满足不同类型玩家的喜好？

5. 创建奖励与惩罚机制

为一款游戏设计奖励和惩罚机制，包括称赞、资源、分数等奖励，以及失败、失去资源等惩罚。分析这些机制如何影响玩家的动机和行为。

通过这些思考与练习，你将深入理解游戏机制的核心要素，以及如何在设计中平衡不同的机制和体验。希望这些练习能帮助你在游戏设计的道路上更进一步，创造出引人入胜的游戏作品。

第 6 章
游戏故事

6.1　游戏故事的世界观

很多人在说游戏的时候，都会认为游戏的世界、世界观是十分空洞的概念，认为去研究这些的人只是追求精英趣味，远远没有更好的玩法来的更实在更实用。事实证明，拥有一个优秀的游戏世界及世界观才能真正将游戏提升到艺术的层面，那在了解游戏世界之前，我们先了解一下什么是世界，人们的世界观定义又是什么。

世界观

世界观（World Views）是人们对整个世界以及人与世界关系总的看法和根本观点。这种观点是人自身生活实践的总结，在一般人那里往往是自发形成的，需要思想家进行自觉的概括和总结并给予理论上的论证，才能成为哲学（艾斯注：简单而言，世界观的实质即是从根本上去理解世界的本质和运动根源，解决的是世界是什么的问题）。整体来说，世界观是庞杂的、模糊的。但这不重要，重要的是要认识到世界是客观的，我们中的大部分人都习惯于带着成见去看待现实世界，并把偏见强加于自己的现实观。我们学会了依靠观念来理解现实（而不是通过观察），去假定现状与我们观念中预想的相似，这比自己亲眼观察现状要来得方便。

游戏故事的世界观是什么？恐怕现在很难有一个可以服众的答案。就像"一千个读者就有一千个哈姆雷特"一样，一千个游戏参与者（包括开发设计和普通玩家）估计能有一千多个概念。在这里将游戏故事的世界观定义为对游戏场景的主观先验性假设，它是和游戏系统概念相对应的。

所谓游戏系统，是指通过游戏者的控制，对一个游戏价值观进行阐释，并保证游戏世界的价值观在游戏中发挥作用的综合手段。世界观和系统有相互交融的地方，有些涉及游戏世界规则的地方，世界观就要靠系统的解读来传达。世界观和系统的分别，在于前者偏重描述性，而后者则是操作性的。前者在游戏中的作用，是告诉我们这是一个什么样子的世界，而后者的作用则是保障我们在游戏中能做什么、不能做什么、做了能得到什么的手段。

世界观和系统通过游戏的价值观连接（图6-1），游戏的价值观是在游戏世界观的基础之上抽绎出来的对游戏世界根本规则的评价。在成熟的游戏设计中，三者构成一个X型体系。两端（游戏世界观和系统）的外延可以无限扩大，而坐落在交点位置的就是游戏的核心价值观。而形成这一体系的基础就是游戏世界观，它像金字塔的底座一样，托起了上层的价值观和游戏系统，构筑成一个完整稳定的游戏结构。

和游戏系统偏重操作性不同，游戏世界观的特点是描述性。它是在利用一切手段来告诉

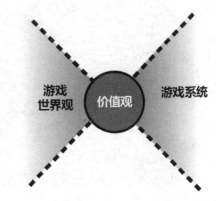

图 6-1　世界观和系统通过游戏的价值观连接

我们游戏中有一个什么样的世界，讲述是传达游戏世界观的重要方式。我们经常可以在一些游戏的开端看到一段 CG 动画，它的功用就是讲述游戏世界观。以大家耳熟能详的游戏《最终幻想 8》（图 6-2）为例，在开场 CG 中我们就多少能够了解一些这个游戏的世界观，比如游戏画面的风格，游戏角色的着装风格，角色使用的武器和角色与角色之间的关系，这些世界观的讲述有利于我们更加深入地理解游戏，并帮助我们在游戏中探索。进入游戏后，世界观的描述更是随处可见，巴拉姆学院的设计风格、人物对话时的语气、出行道具甚至怪物设定，都在给我们展示着《最终幻想 8》界于幻想和写实之间的独特世界。

图 6-2 《最终幻想 8》

在一个游戏中，几乎所有元素都是世界观的组成部分。比如游戏的时代设定，是古代、近代还是现代，游戏画面风格，是写实、日式唯美还是哥特式，游戏中的背景资料设定，包括游戏世界的政治、经济、文化、宗教，还有人物造型设计甚至游戏中的色彩和音乐等等一切都构成了游戏世界观的要素。像一些游戏大作，如暴雪公司的著名游戏《魔兽争霸》系列等，世界观搭建相当完整，几乎现实生活中的任何要素在其中都有对应，比如历史、政治、宗教、军事等，而这一切的组合，构成了一个有机的、逼真的游戏世界。

我们进入游戏就能明确地知道《魔兽争霸》的世界是什么样子。我们可以直观地了解泰坦及宇宙的形成，艾泽拉斯世界的古神不希望泰坦改造这个世界而引发的战争，卡利姆多大陆的形成；我们还能知道人类与兽族的相遇，以及两者间仇恨的来源，人类 7 个国家在政治军事上的勾心斗角，各个种族的不同信仰；我们还能知道各个种族之间军事力量、生活习惯的区别，每个种族特有的外貌、武器、战斗方式和着装的不同；如果对世界神话有些了解，我们可以了解《魔兽争霸》融入了各民族神话，特别是古希腊神话、基督教神话和北欧神话最为显著，我们还可以知道游戏设计者在创作《魔兽争霸》的世界时利用了"平行宇宙"的概念，在建筑和服装设计上有哥特和巴洛克风格的影子（图 6-3）。所有这些因素，无论是显性的还是隐性的，都帮助其构成了一个完整的世界观。

图 6-3 《魔兽争霸 Ⅲ》中人族的建筑具有哥特建筑的影子

游戏世界观在游戏中是普遍存在的，不存在没有世界观的游戏。因为游戏是人类的造物，人们在制作一款游戏的同时，都会为游戏搭建一个场景并制定一些规则，在这个过程中，主观的假设必然会参与其中，否则游戏无法成型。而不论是参与游戏的人或是创作游戏的人，甚至是纯欣赏游戏的人，也都会将自己的主观思考带入了游戏之中，对游戏中的假设做出回应，这种互动是游戏的本质属性之一，同时也是游戏世界观发生效果的表现。

在有些游戏中，世界观表现得比较明显与完整，比如上文提到的《最终幻想 8》和《魔兽争霸》，但在另外一些游戏中，特别是一些桌面小游戏中，世界观的表现则没有那么显而易见，经常会被人忽视，甚至被认为没有世界观，其实这不过是对游戏世界观的一种误解。我们对一个游戏进行以下描述，看对大家是否有所启发："这是一个幻想的世界，天空中经常会出现四个一组的宝石，在和现实世界一样的重力作用下下落到一口井中。当宝石接触到井的上沿时，这个世界就将毁灭。如果宝石将井的一层全部填满，那这一层的宝石就会全部消失，堆在上面的宝石也将落下，填补空间。这时一位勇者出现了，他能用自己的念力控制空中的宝石旋转并改变位置，他的任务就是将宝石放到适当的地方来阻止世界的毁灭……"怎么样？大家都猜出来这个游戏是什么了吧，那就是大名鼎鼎的《俄罗斯方块》。如果换一种表述的方法，大家就不会认为这个游戏没有世界观了吧。其实就算像《俄罗斯方块》这样的小游戏，都有构成世界观的基本要素。

游戏世界观的层次和要素

有些人认为《俄罗斯方块》这样的游戏没有世界观，是出于对世界观要素的误解。我们分类介绍一下游戏世界观的层次与要素，同时也是对游戏故事世界观这个概念内涵的补充。

游戏世界观的第一个层次：**表象层次。**

这里的表象是指游戏中可以直接被人的感官所感知的信息，比如图像、文字、声音和动作等，这些是游戏世界观最基础的表达方式。游戏是一种多媒体艺术，将各种艺术形式综合运用就是它的长处，向人类的自然感官直接发送有关游戏世界观的信号，是最方便的选择。在表象层次里，我们能够总结出以下这些世界观元素。

图像。电子游戏首先是一种视觉传播媒体，所以图像在讲述世界观的过程中发挥着首要作用，而构成游戏图像语言的，有这样几个主要方面：色彩、形象、构图、动作等。

马克思曾经说过："色彩是大众最普遍的美学表现形式。"同时，它也是最为响亮最直接为人所接受的视觉符号。在游戏中，色彩往往给人最直观的印象，让人对游戏的风格有一个初步的认识。形象应该是能够最直接反映游戏世界观的视觉元素了。我们经常会说起，这个游戏的世界观是西方魔幻式的，那个游戏的世界观是东方神话式的，我们对一个游戏的世界观判断在很大程度上就来源于游戏中各种形象的设计，比如人物造型、服装设计、建筑设计、背景设计等，同时依靠各种视觉形象在游戏中展现世界观也是最常用的手段。构图是为了表现作品的主题思想和美感效果，在一定的空间，安排和处理人、物的位置和关系，把个别或局部的形象组合成一个艺术的整体。它在图像语言中有重要地位，但是却很少被人理解。我们有时会说一个游戏（特别是动作游戏）的视角有问题，这就是游戏画面的构图出现了偏差，构图从画面结构上保证了游戏图像语言的准确流畅。动作则是游戏世界观的另一张名牌，它通过角色的肢体语言来展示角色的性格归属。特别在角色扮演游戏和动作格斗游戏中，比如在 MMORPG《魔兽世界》中，不同种族、职业之间的动作毫不相同，它代表的是游戏角色的个性，是游戏角色所代表的不同文化。

正是通过色彩、形象、构图、动作等构成图像语言的要素的综合作用，才能向显示器前的玩家传达游戏特有的世界观。电视游戏大作《鬼泣》相信大家都不陌生，在这款游戏里，图像语言就很好地烘托了游戏主题。游戏中的主角但丁身着火红色的风衣，银色的短发和手中的兵器相映成趣，而周围的环境基本都是以灰黑色为主，突出怪物藏身处的阴森恐怖。怪物本身则大量运用冷色调，像蓝色、紫色、绿色等，表现出这些怪物危险残忍、凶恶狡诈的特性。整个游戏场景的色彩构成，有浓郁的哥特艺术气息，大量出现的红色和黑色（主角的大衣与周围环境）让人联想到鲜血与死亡，强烈对比的颜色反差不但给观众带来了极强的视觉震撼，而且营造出一种躁动不安的情绪。这样的颜色设计正好应和了游戏与怪物搏斗的主题，可以说色彩帮助玩家进入了游戏设计者营造的氛围，给了他们更强有力的游戏体验。不论是主角但丁还是游戏中的怪物形象，都十分鲜明，并且有很多符号化的元素会让玩家能够轻松将《鬼泣》与其他动作游戏区分开。

更值得一提的是《鬼泣》（图 6-4）中的人物动作设计。用一句话概括，《鬼泣》的动作设计就是但丁自然流露的耍酷表演，大张大合的招式配合敌人给予的压迫力，加上激烈、快节奏的电子乐。《鬼泣》真正做到了"瞧在眼里精彩，玩在手里爽快"，耍酷更一度成为了调动游戏渲染力的指挥棒，不仅出现的战斗镜头特写极富视觉冲击力，而且游戏氛围的提升也让玩家热血沸腾。虽然《鬼泣》还有很多不完善的地方，但是这些特点让《鬼泣》在 PS2 的早期成为一款完成极高的"双白金（超过 200 万套）"经典之作。

图 6-4 《鬼泣》的打斗动作

音乐。作为多媒体传播工具，游戏自然不会把音乐排除在外，"红花虽好也要绿叶衬托"，音乐在游戏中起到的正是这样的作用。对于很多人来说，游戏音乐是一个新话题，特别是在中国，对游戏音乐的重视程度还不尽如人意。国外游戏制作中，对音乐要求相当高，经常会聘请有相当知名度的音乐家谱曲，交给著名的歌手演唱。这样一方面通过音乐家的高知名度来提升人气，另一方面也保证了游戏音乐的质量，为以后出原声碟做好准备。其中以日本的电视游戏领域最有代表性。音乐创作者并非根据某个既定的主题按部就班地写出一段段的旋律，而是当整款游戏的其他部分全都完成了以后，在自己完全亲身经历一遍游戏的过程中创作出来的。这样无疑使得游戏的音乐更具有鲜活的生命力，不但契合着游戏场景、剧情、色彩等变化而产生的意境，也契合音乐创作者在游戏过程中情感变幻、喜怒哀乐的心境。这是目前游戏音乐创作的最高境界，最容易激发灵感，也是使得音乐最贴切于游戏、二者浑然天成的必由之途。优秀的音乐能毫无阻碍地深入你的内心深处，时而如同一双温柔的手，抚平你的紧张与焦虑，使你心平气和，复归于理性；时而又像一团熊熊烈火，刹那间点燃了你的激情，使你产生出了一种强烈的冲动，或者是为自己所扮演的游戏主人公而萌发出强烈的使命感与责任感来。

游戏音乐为剧情服务，是表现游戏世界观的辅助性手段，这可以从游戏音乐不同的类型中得到启示（图6-5）。勇者斗恶龙系列和最终幻想系列中偏重古典音乐，这与两者博大深厚的世界观系统紧密相连；魂斗罗之类的战争游戏音乐大多采用摇滚乐形式，首先从听觉上就让你体验战场紧张刺激、让人热血沸腾的氛围；而像光荣的三国系列等，运用了中国古典音乐元素和民族乐器，让中国玩家感觉到特别亲切。中国自己制作的游戏音乐也有很好的范例，比如《仙剑奇侠传》

图6-5 《魔兽世界》引人入胜的音乐会

中那空灵剔透、宛如天籁的 New Age 音乐，那种旋律使人浑然忘我，配合《仙剑奇侠传》的情节与气氛最合适不过。音乐让你可以用耳朵来玩游戏，而其中所传达的世界观信息，对于一个游戏来说是非常重要、不可或缺的，而且随着游戏艺术的进一步发展，相信音乐的地位将会日益提升。

剧情。这个不用做太多的介绍，剧情是大家最熟悉的世界观表达方式。在一个游戏中从世界起源到种族繁衍，从历史渊源到风土人情，都涵盖在游戏剧情中。可以说游戏剧情是世界观最集中的表现形式，也是最为游戏制作者和玩家所接受的形式。

游戏世界观的第二个层次：规则层次。

相对上面显而易见的表象层次，规则层次的世界观在游戏中隐藏得比较深，不容易被我们的感官直接发觉，但是其作用却不容小觑。规则层次的世界观告诉我们这个虚构的游戏世界是以什么方式运作的，是更深入的描绘游戏世界场景的必要手段。以现在已经被中国玩家所熟知的《龙与地下城》（D&D，图6-6）为例，提到这个系列游戏的世界观，大家能想到什么呢？有历史背景、种族设定、职业选择还有各种城镇建筑，各种人物形象，各种魔法效果。不错，这些都是《龙与地下城》世界观的组成部分，但还不是其全部。因为支撑这些表象元素的是游戏设计者建构出的《龙与地下城》世界运行的规则。从桌面游戏开始，《龙与地下城》世界就有一套特别的运行规则。我们可以进行这样的概括：《龙与地下城》的核心是一套数学规则，一个动作能否成功，动作效果如何判定，效果是必然还是随机，都由这套数学规则决定。D&D 的数学架构，是在 7 颗（6种）骰子所产生的随机数基础上建立的。其中最重要的一颗就是 20 面骰，用来进行大多数的"成功率检定"（主要是战斗，D&D 是以战斗为主的角色扮演游戏，非战斗部分大多可通过常识判断）。每当玩家试图进行有一定概率失败的动作时，投一个骰子，把结果加上相关的调整值，与目标数值相比较，若最终结果等于或大于目标数值，动作就成功完成；反之，若结果小于目标数值，则动作失败。这被称为"D20 系统"（D20 system），就是以 D20 骰子为核心的规则系统。D20 系统包括 D12、D10（各两颗，用于投百分比）、D8、D6 和 D4，合共七颗骰子，它们几乎可以计算整个 D&D 世界的所有事件。D20 系统还包括基于等级的 HD（通过骰子来决定生命点）/HP 系统，以及线性增长的人物能力，等等。

图 6-6 《龙与地下城》

　　这套以数学中的概率论为基础构建出来的游戏世界观相当完备，因为它可以让游戏中的一切事件用数据对比的方法来进行判断。譬如"打开箱子"这个简单的动作：如果卡住了，需要用一些力气才能成功，可以假定开箱的难度是 5，普通人一次成功的机会很高，那大多数情况下可以直接打开，偶尔需要多试两下；如果箱子锁着，则可以假定砸开的难度是 20，普通人也许要尝试很多次；如果锁非常结实，必须通过极其巧妙的技术才能开启，那么难度就是 20 以上，只有受过专业训练的锁匠才能搞定。这样一个清晰的数学系统看似简单，却包含了游戏设计者对世界运动规律的理解。一切情况最后都可以通过数学方法来描绘，都可以通过数据比较的方法得到结论，客观世界的不确定性是通过概率产生的，这不正是西方从文艺复兴开始贯穿现代化全过程的中心思想之一么？通过概率保证事件发展的指向性，同时满足突发事件出现的可能性，这就是游戏的设计者为《龙与地下城》设定的游戏世界观。《龙与地下城》从桌面游戏进化到电脑游戏和网络游戏，我们在游戏过程中将看不到骰子、数值设定书这些标志性物品，因为规则的监督和执行交给了电脑，无须玩家自己费心。但是不论系统如何演变，支撑它的游戏世界观却没有根本性的变化，所以那些《龙与地下城》的资深玩家可以很容易地在不同游戏形式间切换，因为对他们来说，不同的《龙与地下城》游戏形式其实指向的是一个相同的世界，而这个世界，正是他们所熟悉的。

　　上文提到在一些桌面小游戏中，世界观的表现没有那么显而易见，经常会被人忽视，甚至被认为没有世界观。其实在这些游戏中，表象层面的信息被压缩到很小，更多的世界观描述是通过规则层面来完成的，比如我们曾经提到的《俄罗斯方块》。我们来分析一下这个游戏的规则：

- 系统从 7 种方块组合中随机产生一个方块下落，每种方块均由 4 个小块组成。
- 下落方块在下落过程中，玩家可以对方块进行 90° 旋转，如果任意下落方块的下方已有方块则结束下落，同时系统产生新的下落方块。
- 如果在所有已停止方块中有一行没有空隙，则本行消除，消除行上方方块均匀下落。
- 系统产生下落方块时，如果下方空间不足以产生下落方块，则游戏结束。

从中可以发现能够发现，《俄罗斯方块》是构建在"下落—填充—消除"这个基础假设上，其表象层面的世界观是"方块、下落、消除"等简单描述，而真正让这个游戏与众不同的是游戏的规则。我们可以轻易地将《俄罗斯方块》（图 6-7）与同类型桌面游戏《极落雀》《玛力医生》等区别开，也许他们在表现形式上都很相似，但只要进入游戏你就能发觉很大不同，这就根源于游戏规则层面上的显著差异。

游戏世界观的第三个层次：**思想层次**。

这里所说的思想层次是指游戏设计者想通过游戏告诉玩家他们对世界的主张。如果我们承认电子游戏是一种艺术，那它就必然带有艺术的属性——向别人传达自己的见解和主张。虽然现在公众对电子游戏还有偏见，如同当年人们质疑电影的商业动机和技术由来，评判好莱坞对暴力和色情的偏好，坚持认为电影不可能造就永恒的艺术一样，可事实证明他们错了。事实也将同样证明，当代的批评家基于某些与当年批判电影大致相似的理由和动机对电子游戏的横加指责，是不负责任的偏见。游戏是一种新兴的鲜活艺术，如同机器时代的电

图 6-7　EA 出品的《俄罗斯方块 HD》

影，游戏是数字时代的艺术。为了可以担起新艺术形式设计者的责任，游戏的设计者在创作世界观时，不仅仅要使它完备，吸引人，更应该加入自己对世界的独特思考。

在电子游戏领域不乏这样的艺术家，也正是因为有了他们，才令电子游戏艺术可以向更高的领域发展。其中值得一提的是小岛秀夫，这位以《合金装备》系列（图 6-8）名满天下的游戏制作人，在这个游戏系列中加进了引人深思的世界观。为了能够真正体验游戏《合金装备 3》过程中的感受，小岛秀夫找了一个与游戏场景相似的真实环境，亲身体验了一把丛林作战。小岛静静地潜伏在草丛中，手里拿着气枪，他对当时环境下的恐惧和紧张仍然记忆犹新……感觉似乎跟蛇一样的东西爬上了你的手臂。小岛秀夫说："你必须经受这一切，不时还会有虫子爬到你脸上，环顾周围，大量颜色艳丽的昆虫在飞舞，还有鼓着肚子的青蛙。看到这一切你就会有一种特别矛盾的心理，身边都是充满生机的生灵，而你的枪口却对准了自己的同类——人类。我希望能把这种感受也带到游戏中去。"

图 6-8　《合金装备》

"我们留给后世的是什么？"这是《合金装备》系列一直以来伟大的主题。《合金装备1》的主题是"基因"，也就是父母把基因传递给孩子。通过 Snake 与 Liguid（都是 Big Boss 的克隆体）的光与暗的战斗，充分表明了基因的可能性。在《合金装备2》中，没有编码在基因信息中的"知识基因"，即意识形态，情绪，语言，艺术，文化等，我们该怎样传递这样的"知识基因"？ 对于我们来说，有一套固定的标准来决定父母该如何把"基因"和"知识基因"传递给孩子么？答案是没有的，因为它会随时间和趋势的改变而改变。"时间／现场"成为了《合金装备3》的主题，在传递"基因"和"知识基因"的过程中作为一个重要的标准，决定着将把什么传递给下一代的标准是不断随着时代变化而改变。善与恶，光与暗，以及人类的价值观也会随着时间的变化而改变。只有在经历了"基因"—"知识基因"—"现场"之后，我们才能真正感受"反战争／反核武器"的主题。《合金装备》系列世界观的厚重，已经超出了一般人对一个游戏的想象，正是这些超越人们的现实经验，直指生命本原的拷问，为《合金装备》系列的制作者小岛秀夫，赢得了世界范围内的尊重。

同样堪称伟大艺术家的席德·梅尔创作了《文明》系列游戏（图 6-9）。什么是文明？什么是文化？什么是历史？在《文明》游戏没有诞生之前，玩家对这些问题的理解大都来自历史书、政治书或是地理书中。有能力做到包容存在和消亡的各种文明的，只有席德·梅尔一人，他通过具有交互功能的个人电脑实现了这一切。席德·梅尔将西方现代文明的技术内核嵌入文明系列游戏中，技术始终是作为支撑游戏并推动游戏向前发展的最主要驱动力。同时在物质文明基础上，游戏设定了制度、战争、政治甚至宗教。《文明》系列的一贯原则，就是还原历史、模拟现实，因此它更多的是要表现已经发生的。也许，《文明》无形中在向玩家灌输这样一种观念，即所有游戏，无论人类走过的路径有多少、每条路径有多么不同，都必然只有一个未知的结局。而这个结局戛然而止，对人类以后的发展没有交待，也不必交待，只有让事实去证明。《文明》系列游戏可以说是全景式展示人类文明进程的，一部用电脑游戏书写的，可以让玩家自由参与的人类史诗。

图 6-9 《文明Ⅵ》

正是有了像小岛秀夫、席德·梅尔这样将游戏不仅仅作为消遣的工具，而是当作可以影响甚至改变世界的艺术来进行创作的设计师，电子游戏才能够摆脱小玩闹的形象，真正进入艺术创造的空间。它们创造了一种新的审美体验：将电脑屏幕中的游戏世界变成了一种尝试和创新的世界，而且广为散播，并为公众所接受和拥抱，尽管我们对数字时代的到来还有些彷徨。如同 20 世纪 20 年代早期的沙龙艺术，虽有流行文化的创新活力和肥沃土壤，仍不免有些贫乏和单薄。当代游戏中，现代主义的超文本产生的交互式会话，以及前卫的虚拟现实场景看起来还有些单调，但游戏创作和开发中的不断创新和追求卓越的精神将改变一切。这也是为游戏的世界观融入独特艺术思想的目的所在。

游戏世界观的三个层次，是一个相互影响的有机整体，他们以"思想到规则再到表象"的关系，构成了一个游戏的完整世界观结构。其中任何一点的变化都有可能对其他层次产生极为重要的影响，甚至颠覆整个世界观系统。所以游戏制作者在进行世界观描绘的时候一定要倍加小心，特别是在进行一个游戏续作的开发时，更要努力保证游戏世界观的连续性，这样才能使老玩家对游戏产生亲切感，掏出真金白银来消费游戏。就像有名的蝴蝶效应一样，几个看似不起眼的改变可能改变一个游戏系列的未来。不知道大家还记得《废墟》这款作品吗？《废墟》于 1987 年由 Interplay 公司开发，由当时规模还远不如今日的 EA 公司负责发行，该游戏的背景设定为第三次世界大战后的美国新内华达地区，也就是故事中的"废墟"。《废墟》取得了很大的成功，它摆脱了中世纪剑与魔法的陈旧模式，向人们展现了一个全新的未来世界，充满了后启示录的意味，由此也开创了未来派RPG 的先河。之后，在《废墟》的基础上，一部足以照耀 RPG 历史的游戏——《辐射》（图 6-10）出现了！《辐射》被公认为是《废墟》的非正式续集，在《辐射》的包装盒上就有这么一句广告语："还记得《废墟》吗？"，因此在《辐射》系列中，玩家仍能看到许多《废墟》的影子。《辐射》最大的成功在于继承了《废墟》的巨大开发性，这也是吸引玩家的最大魅力所在：游戏中存在大量的分支剧情，各种选择性对白随时可以改变主人公未来的命运，一切结果完全由玩家来决定。同时《辐射》游戏本身的优秀品质、游戏中的宛如启示录般的预言以及西方后现代颓废风格也极大吸引着挑剔的玩家们。《辐射》上市后，游戏的后启示录风格以及激光枪等未来武器，同以前角色扮演游戏中泛滥的剑与魔法大不相同，使人眼前一亮，立刻在欧美游戏市场上掀起一阵狂热的旋风。有人将其和当年暴雪发行的《暗黑破坏神》并称为欧美 RPG 游戏中的代表作品。《辐射》能取得这样的成功，与它小心谨慎地继承了《废墟》的世界观有密切的关系，可以说《辐射》是一部站在巨人肩膀上的佳作。

图 6-10 《辐射Ⅳ》

游戏世界观的欣赏可以说是玩家接触游戏的第一方式，这个过程远比玩家正式开始游戏要早很多。在一个游戏还没有发售，玩家还无法接触其系统，甚至还没有开发完成的时候，游戏世界观的信息就能通过文字介绍、游戏截图、视频资料等方式向玩家传递游戏的基本情况。所以说，"卖游戏先卖世界观"，不但是在游戏发售时的策略，也是贯穿在游戏策划、开发、销售始终的重要指导思想。

6.2 交互式游戏故事

交互式叙事（Interactive Storytelling）意指在叙事过程中，故事线的展开并不是固定的，而会根据观众对叙事系统的输入而发生变化，如此在传达故事本身的同时，让观众产生亲身参与到故事之中的感觉。电子游戏作为一种以交互性机制和多媒体作为媒介的艺术形式，很自然地成为交互式叙事的平台。

交互式叙事在游戏中的运用

在现今的大部分游戏中，从文字冒险类游戏的故事分支到 RPG 中 NPC 面对玩家不同的行为产生的不同反应，我们多少都能看到一定程度的交互式叙事。交互式叙事的目的也是多种多样——有的游戏希望借此提升玩家的代入感而获得更好的娱乐体验（例如许多出产自大公司的 RPG），有的游戏则是希望向玩家呈现一个线性叙事难以完整表达的庞大而立体的故事，而不得不要求玩家去通过与故事进行不同方式的交互来了解完整的故事。后者的例子包括很多世界观复杂且侧重于剧情的游戏，比较典型的例子有 Chunsoft 出品的《428：被封锁的涩谷》（图 6-11），其中作者希望玩家去了解的是发生在整个涩谷，并且牵涉到众多人物的一个庞大的故事，同时又希望带给玩家从一个特定人物的视角看到的这个故事的某个局部的体验，因此交互式叙事就成为顺理成章的设计策略。

也有游戏采用交互式叙事，希望玩家通过他的亲身参与进入作者希望达到的体验，例如著名的独立游戏《史丹利的寓言》（*Stanley Parable*）及其精神续作《新手指南》（*The Beginner's Guide*，图 6-12）。在这两个游戏中，作者直接与玩家对话，玩家在反抗或者认同作者的选择之中感受到故事的张力和身临其境的情绪体验，从而深入地走进作者的精神世界。

图 6-11 《428：被封锁的涩谷》

虽然交互式叙事在电子游戏中如此普遍地出现，但现今不成熟的技术——对玩家每个动作的反应，几乎都必须人为地全部列举清楚——却制约着它以更加高级的方式出现。这就导致玩家在叙事上与游戏的交互方式都非常有限，对游戏中的故事要素的影响也非常有限。另一方面，即使我们拥有足够成熟的技术来毫不费力地处理成千上万的玩家动作输入，也仍然存在一个设计上的问题：玩

图 6-12 《新手指南》

家过度的自由与故事主旨表达之间的矛盾。一个故事想要说什么，很大程度是由在这个故事中作者引导观众从某个特定的角度所了解的。如果玩家拥有过于强大的视角选择权，作者又怎么引导玩家去走进这个故事呢。如果一个故事讲述的是英雄救世，玩家却沉迷于跟街上的路人扯淡，这显然也不是作者想要的。因此，即便技术使之实现，也会存在平衡玩家自由度和传达故事主旨的问题。

对于一个游戏而言，解决这两个问题，从某种意义上说需要的是同一种技术——人工智能。对于提高玩家自由度的问题，我们需要的是一个能够高效产生叙事内容来应对玩家输入的人工智能系统；对于平衡玩家自由度和传达故事主旨的问题，我们需要的是一个能够根据玩家的行为，智能地调整故事中其他元素（例如 NPC）的行动来将故事发展重新引导回重点的"实时导演"。现今的人工智能技术虽然还远远没有发展到能够完美解决这两个问题的程度，但至少有一些最新的研究向我们展示了一些看起来有前途的可能性。

一个文字或图片的序列仅仅是故事的表达形式，它的核心在于一组关联着的事件。而这组关联着的事件在故事中以何种顺序出现，各自以何种形式出现，很多时候可以说并不是故事本质性的属性，它们是可以根据玩家的动作而变化从而产生观众参与性的。

一个故事本质性的属性，仅仅是那组关联着的事件以及它们如何关联。事件间关联的方式可能会对事件出现的顺序和方式有所限制（例如坏人必须先作恶，英雄才能去救世界），但大多时候这些限制不会严格到让故事只能以一种序列出现（例如，坏人是先杀人还是先放火，其实并不会对故事发展有很大影响）。除了事件的顺序之外，许多事件也可以以很多不同的形式出现且不会影响故事的发展。例如，如果一个事件只是为了给坏人的邪恶做铺垫，那么坏人掳走的是路人 A 还是路人 B 其实无关紧要。

因此我们发现，要定义一个故事，只需要定义这个故事中发生的事件和这些事件相互关联的方式。

在有了这个相当于"三维立方体本身"的故事定义之后，我们就可以根据玩家的行动去动态地生成从他的那个特定角度看到的故事发展序列。例如，恶人先杀人还是先放火可以由玩家先去杀人的现场还是先去放火的现场决定；恶人是掳走路人 A 还是掳走路人 B 可以由这两个路人对玩家的好感度决定（谁好感度高就掳走谁，以此来刺激玩家的情感投入）。

那么在实际的游戏开发中，我们如何这样来定义故事呢？为了叙事系统的灵活性，事件的影响力必须足够小；为了系统能够实时计算叙事内容，事件对于整个故事发展的影响必须定义清楚；事件最好还能具有一定重复利用的可能性以降低人力需求。事件之间要尽可能以实现模块化的自由组合；事件与它的呈现方式之间要解耦（Decoupling）以方便呈现方式的丰富度和日后的扩展；事件呈现方式与其描述最好也能够解耦，这样我们甚至能请不同风格的作家来模块化地写故事（想象未来的某个文字冒险游戏甚至可以在选项中配置叙事风格）。如此听起来，这种写故事的方式是不是像是在编程？没错，这的确是类似于编程的活动，因为此时我们的故事已经不是一段扁平的文字序列，而是一个立体、有机的系统。这种意义上的写故事也不再是一个纯粹的文学创作活动，而变得充满了工程学。

上面所介绍的这种方法，最终还是得由人来进行具体的文字描述（或 CG 等其他类型的描述）。其实即使在这个方面也仍然有提高效率的余地。当我们的叙事基本模块粒度变得足够小以后，我们就可以实现"模块化的写作"，这意味着我们可以用很多人来分工进行写作。如果模块之间的接口定义得足够好，每个人甚至都不需要了解其他人写的那部分故事。甚至我们还可以考虑群众外包式的写作。事实上也已经有人在尝试这样的创作模式。

在定义故事本质的事件和事件间的关联之后，剩下的问题就是如何结合玩家的实时动作的输入来生成叙事内容了：通过玩家对系统的输入，我们需要选择下一个发生的事件，并确定这个事件的呈现方式；而做选择的原则是尽可能使玩家的参与感和故事的精彩程度最大化——我们发现，这实际上是个人工智能领域经典的规划问题。

图 6-13 《魔兽世界》

故事的精彩程度取决于很多要素，其中一个很重要的要素就是玩家看到的事件与故事主题的相关性（图 6-13）。因此只要我们明确定义了每个事件对于故事发展的作用，就能够通过现有的技术计算出对故事发展贡献最大的事件。前面所介绍的内容，很大程度上已经解决了这个问题。

而玩家的参与感则又跟游戏系统中某些局部的要素对其的反馈有关，其中非常重要的一种反馈就是 NPC 对玩家的反应。在传统的游戏中，虽然 NPC 与玩家之间能够有互动，但在这些互动中 NPC 做出反应的依据往往只有玩家在当前互动中的那几个动作——NPC 对玩家远远没有一个完整的认知。例如在某个剧情事件中，NPC 可能会问玩家是选择战斗方式解决还是和平解决，根据玩家的那一个选择，NPC 对此再做出反应。这种处理方式很可能造成 NPC 的态度上的不一致，也常常暴露出 NPC 对玩家的无知——玩家可能在这个事件之前刚刚进行过疯狂的杀戮，然而就因为在这个选项中选择了和平解决，就受到 NPC "爱好和平"的称赞。更加成熟一些的做法是使用某些数值来判定玩家的行为类型，例如在《传说之下》（*Under Tale*，图 6-14）中，游戏会通过玩家杀死的怪物数量来判定玩家的暴力程度。但这种方法毕竟无法处理更加复杂的玩家信息。

图 6-14 《传说之下》

在理想的情况下，我们希望能建立一个代表玩家的数学模型，随着游戏的进行更新这个模型，让它越来越贴近玩家在游戏中表现出的方方面面的个性。由这个模型来决定 NPC 的态度，而不是让玩家简单地通过几个文字选项就让 NPC 相信他是怎样的人。关于如何进行这种建模，我们可以借助许多现有的机器学习方法。例如，加拿大阿尔伯塔大学的一个小组就开发了一个叫做 PaSSAGE 的系统，其中整合了玩家建模和基于玩家建模的决策系统。在他们为 PaSSAGE 开发的示例游戏中，他们通过机器来判定玩家的游玩风格（战斗型、角色扮演型、策略型），然后再根据判定得到的玩家游玩风格来动态生成叙事内容。

6.3　游戏结构控制故事体验

游戏交互式体验的精彩之处在于玩家能感到自由——这种自由给予了玩家极好的控制感，让他们能很轻易地把想象投射到你所创造的世界里。这种自由感在一个游戏中是很重要的，因此它引出一个新的问题：玩家在何时能行动自由？他们在这些时间里感到自由吗？

设计师的确不能对玩家所做的事进行直接控制，但通过各种巧妙的方法，他们能对玩家的行为进行间接控制，而这种间接控制可能是我们遇到的最难以捉摸的、最精巧的、最巧妙的和最重要的技术。

让我们来看看间接控制的一些常用方法。间接控制有着很多方法，它们的变化很多且难以捉摸，不过有六种方法是能完成大部分的目的的。这六种控制的方法是使自由度和造就出色的故事阐述之间得以平衡的重要方法。

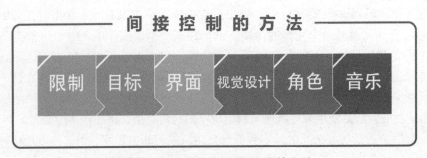

图 6-15　间接控制玩家行为的方法

方法 1：限制（Constraints）

考虑以下两种要求之间的差别：

问题 1：挑选一种你喜欢的水果：_____。

问题 2：挑选一种水果：a. 苹果 b. 香蕉 c. 橘子

这两种要求都给予回答的人一种选择的自由，而它们问的也是相同的一件事，但两者的差别是巨大的：因为对问题 1 来说，回答的人可以挑选数百万个不同的答案——"热带的波罗蜜""新疆的葡萄""青岛的苹果""我跟喜欢的是一样的"……或者其他任何的答案。

但对问题 2 来说，回答的人只能有三种选择。他们还是有自由，还是需要做出选择，然而我们设法把选择的数量从数百万个砍到了 3 个了！而那些本来就想挑选苹果、香蕉或者橘子的人甚至是注意不到其中的差别的。并且尽管如此，更多的人也更喜欢问题 2，因为太多的自由会是一件让人望而生畏的事，它会迫使你的想象力高强度运作。

这种通过限制来间接控制的方法一直都在游戏里使用。如果游戏把玩家置身于一个有着两扇门的空房间里，玩家几乎肯定会走到其中一扇门前。至于哪一扇我们必然是不知道的，但他们一定会走去其中一扇，因为门就相当于一条写着"打开我"的信息，而玩家是天生充满好奇心的。假如你去问玩家他们有没有选择的权利，他们肯定会说有的，因为即使只有两个选项那也是一种选择。相比之下把玩家置身于一个开阔的场地里，或者在一个城市的街道上，又或者在一个大型购物中心里，在这些情况下他们能去的地方会很多且很难预测的——除非你在这个基础上利用间接控制的其他方法。

方法 2：目标（Goals）

在游戏设计中对间接控制最常见和最简单的使用方式是通过设置目标来实现。如果一个玩家面前有两扇可以通过的门，我实在不清楚他们会进入其中的哪一道，但我给他们一个"找出所有的香蕉"的目标，而其中一扇门很明显地让玩家了解到有香蕉在门后，那我就能很好地推断出玩家会走去哪里了。

在前面我们谈到通过建立目标来使玩家去在意你的游戏。一旦确定了一些十分清楚并且能够达成的目标后，你就可以围绕着这些目标来雕琢你的世界，并使其成为你游戏的优势。假如你的游戏是在一个城市里竞速，那你并不需要建出完整的街道图，因为一旦你清楚地标示出最快的路径，人们大多会坚持遵循这条路线的。你可以加入少数的边道或者小巷（特别是那些可以作为捷径的路！）来给玩家自由的感觉，但你所设立的目标会间接地控制玩家避免探访每一条小边道。做出一些玩家永远不会看到的内容并不能给到他们更多的自由感，这只会浪费本来可以用来提升玩家能看到的地方的开发资源而已。

一个现实世界中的例子就是阿姆斯特丹的史基浦国际机场的男士洗手间（图 6-16）。在这个机场的洗手间里用小便池的人很快会注意到。这

图 6-16　阿姆斯特丹的史基浦国际机场的
男士洗手间

并不是一只真的苍蝇，它只是在瓷制的表面上的蚀刻而已。为什么要这样做呢？这个产品的设计师是试图去解决那些"粗心的射手"射得不准的问题。这只蚀刻的苍蝇提供了一个含蓄的目标——击中这只苍蝇。通过把苍蝇放在小便池的中间（并且让它稍稍倾向一边来让入射角度变得平滑），这能让整个洗手间变得更干净。这些"玩家"所拥有的自由至少没有减少，只不过是向着设计师觉得最优的行为上被间接控制地靠拢了。

方法 3：界面（Interface）

一个好的界面通常需要考虑反馈感、透明度、丰富程度，以及其他重要的因素。但其实界面上还有一些别的东西是需要考虑的：那就是间接控制了。因为玩家希望界面对他们是透明的，他们不需要真正去考虑界面，只要界面能帮到他们就可以了。换句话说，他们期望能基于界面就了解到在游戏里什么是能做的，什么是不能做的。如果你的"摇滚巨星"的游戏中有着一把塑料吉他的物理界面，那你的玩家很可能会期望能演奏这把吉他，并且很可能他们不会想去利用它来去别的事。然而如果你给他们一个手柄，他们可能就会想到是否能用它来演奏不同的乐器、跳出各种的舞步，或者是做出其他摇滚巨星能做的事情。而塑料吉他私底下把这些选项给偷走了，无声无息地把玩家限制在单个行为上。当我们用一艘木船的舵轮和一台 30 磅的铝合金加农炮打造出虚拟海盗的场所时，没有游客会问到游戏里是否有持长剑战斗的部分——因为这个选项从来没进入过他们的大脑里。

而这种力量不仅仅是物理界面拥有的，虚拟界面也有这种力量。即使是你控制的角色外观也是你虚拟界面的一部分，你可以把间接控制施加到玩家身上。假如玩家控制的是劳拉·克劳馥，那他们会尝试去做某些事情；如果他们控制的是一只蜻蜓、一只大象，又或者是一辆谢尔曼坦克，那他们肯定会尝试做其他大不相同的事情。选用不同的角色外观一部分原因是玩家和角色的关系，但它其实还能暗中限制到玩家的选择。

方法 4：视觉设计（Visual Design）

任何一个在视觉艺术领域工作的人都清楚布局影响着观看者观看的位置。这在交互式体验中是很重要的，因为观众往往都喜欢走向吸引他们注意力的地方。因此如果你能控制一个人的视觉位置的话，那你就能控制他们即将要去的地方。图 6-17 展现了一个简单的例子。

图 6-17　视觉测试

在观察上面的左图时，你的眼睛很难不被引导到画面的中心里。观众在一次交互式体验中看到这个场景时会有很大可能去检查中间的笑脸，而后才会去考虑边框边缘的事物。这与右图有着很明显的对比。

右图里观众的眼睛会被吸引去探索边框的边缘以及超出其边缘的区域。如果这个场景是一个交互式体验中的一部分的话，观众会尝试找出边缘里有着的更多的物件，而不是去检查场景中间的那些圆。更大的可能是他们只要可能就会尝试去穿越屏幕的边界。

这些例子都是抽象的，不过在现实世界中有着很多类似的例子。例如平面设计师会想出大量的方法来吸引眼球。人们常说一个好的视觉设计会让眼球不断轻快地掠过它，从来不会让视线停留在单个图案上。

场景设计师、插画师、建筑师和电影摄影师都利用这些原理来引导观众的视线，间接地控制他们的视觉焦点。一个很棒的例子是中心的城堡。沃特·迪士尼了解到当游客进入乐园很有可能会在入口处游荡，不确定该去哪里。于是他把这个城堡放置在游客的眼球在进入乐园时就会被马上吸引的位置（图 6-18），然后他们的脚步很快就会跟随视线之后了。游客会迅速地进入迪士尼乐园的中心所在，此时就会有很多明显的视觉标志诱惑着他们走向不同的方向，沃特利用这种方法间接地控制游客去做他想让他们去做的事：很快地移动到迪士尼乐园的中心，然后随机地分散到乐园的其他部分里。当然，游客是极少意识到自己受到这种操纵的。毕竟没有任何一个人告诉他该去哪里。所有游客所能知道的就是他们不需要太多思考，也有着完全的自由，最终能去到一些他们感兴趣的地方，拥有了一次有趣的娱乐体验。

图 6-18　迪士尼乐园的城堡会吸引游客的眼球
并引导游客的行为

沃特甚至为这种操纵方式命了一个名字，他把这叫作一只看得见的"维尼熊"，这是参考一部电影里通常控制小狗的方式来命名的：训练者会把一块热狗或者一块肉在空中晃动，以此控制小狗观看的焦点，因为没有什么东西能比食物更能吸引小狗的注意力了。

好的关卡设计的其中一个关键在于让玩家的眼球能拉着他们不费力地游历整个关卡。这能让玩家感觉到在控制之中，并且能沉浸在游戏世界里。而了解各种能牵引玩家眼球的事物则能帮助你去控制玩家希望做出的各种选择（图 6-19）。

图 6-19　《守望先锋》中防守方的视觉引导线

而这种视觉设计方法真的很有效。在《守望先锋》中，两边阵营的玩家在开局前都会顺着地面的视觉引导线冲向地图中的首个争夺点，进攻方的玩家会沿着红线和箭头去第一个争夺点（进攻点），而防守方玩家会沿着蓝线和箭头去第一个争夺点（防守据点）。

方法 5：角色（Characters）

间接控制玩家的一种非常好用的工具就是游戏里电脑控制的角色。如果你能发挥你故事阐述的能力去让玩家真正在意这些角色——换句话说，他们真心想要去服从、保护、帮助或者毁灭这些角色——那你会突然间有了一项很棒的工具来帮助你控制玩家愿意尝试去做的事。

图 6-20 《动物之森》

在《动物之森》（图 6-20）这款游戏里，一个叫作 HRA（Happy Room Academy，快乐家居学会）的神秘委员会会定期地对你房子的室内装修作出评估，然后根据你达到的程度来奖励你点数。于是玩家很努力地装修以求获取这些点数——一部分是因为这是游戏的其中一个目标，不过我想另一部分是因为当有人看过你房子的内部后失望地摇头时，你是会感到很尴尬的，即使这些摇头的人只是虚构的角色也是如此。

在 Ico（图 6-21）这款游戏里，玩家的目标是保护跟你一起旅行的公主。设计师在这个游戏里设置了一个非常巧妙的计时器机制——当玩家停留不动太长时间时，邪灵就会出现了，它们会抓住公主，尝试把她拖去地洞里。虽然它们没有成功把她带进去前是不会伤害到她的，并且它们要花上一段时间才能真正把公主拖到地洞里，但只要当它们出现时玩家就会加快动作，因为当它们碰到公主的时候会让玩家感觉到她会被拖下去了。

角色是一种可以帮助你更好地操纵玩家尝试去做出各种选择的工具。但在此之前你必须让玩家在意这些虚构的角色才行。

方法 6：音乐（Music）

当大多数设计师考虑把音乐加进游戏时，他们通常是想要显示某种情绪和氛围。然而音乐还可以对玩家有更多的影响。

图 6-21 Ico

饭馆里一直都利用这种方法。快节奏的音乐会让人们吃得更快，因此在午餐的高峰期，很多饭馆都会播放快节奏的舞曲，因为更快的进餐速度意味着能赚取更多的利润。而到了一个人流量较少的时间段，例如下午的三点钟，他们就会反过来做。一个空的饭馆往往标志着是一个糟糕的饭馆，因此为了让进餐的人逗留得的时间长一点，他们会播放一些慢节奏的音乐，这会让进餐的速度放慢，让顾客考虑再点上一杯咖啡或者一些甜点。当然，顾客是不会意识到这件事的发生的，他们觉得自己对正在做的行为有着完全的自由。

如果说它对饭馆的管理者来说是有效的，那它对你也是有效的。考虑一下你应该播放哪种音乐才能让玩家：

- 四处寻找某样隐藏的东西。
- 快速地摧毁一切可能摧毁的东西。
- 意识到他们走错路了。
- 放慢速度且小心翼翼地移动。
- 担心伤害到无辜的旁观者。
- 不回头地走得尽可能远。

音乐是灵魂的语言，也正因为这样，它们是在一个很深的层次上和玩家交谈，这个层次深到能改变玩家的情绪、欲望和行为，而玩家往往都意识不到这件事的发生。

思考与练习

围绕游戏故事的世界观、交互式游戏故事，以及游戏结构对故事体验的控制，让我们一起进行以下深入的思考与练习：

1. 设计游戏的世界观

选择一个你喜欢的主题或题材，设计一个完整的游戏世界观，思考如何在表象层次上使其具有独特的魅力。在规则层次上有哪些独特的机制或规则可以用来支持你的世界观？在思想层次上，你希望传达怎样的主题或价值观？

2. 探索交互式叙事的实现

分析一款具有交互式叙事的游戏，研究其故事是如何根据玩家的选择而变化的。思考游戏如何在技术限制下实现玩家选择对故事的影响。如何平衡玩家的自由度与故事的连贯性，确保玩家的选择既有意义，又不会偏离故事主旨？

3. 利用间接控制引导玩家行为

选择一种或多种间接控制的方法应用于一个游戏关卡或场景的设计中，旨在引导玩家按照预期的方式行动。绘制该关卡或场景的设计图，并标注你使用的间接控制元素和预期的玩家反应。

4. 分析游戏结构对故事体验的影响

思考线性叙事和非线性叙事各自的优势和劣势是什么。如何支持或有悖于故事的展开和主题的表达？作为游戏设计师，如何选择适合你故事的叙事结构，以达到最佳的玩家体验？

5. 角色塑造与玩家情感的联系

分析一款你喜爱的游戏中的关键角色，探讨该角色是如何通过行为、对话和发展来影响游戏的故事和玩家的情感。思考角色设计如何增强玩家对故事的代入感和情感投入。

通过这些思考与练习，你将深入理解游戏故事的核心要素，以及如何在设计中有效地运用世界观、交互式叙事和间接控制手法，来创造引人入胜的游戏体验。希望这些练习能帮助你创作出具有深度和魅力的游戏故事。

第 7 章
游戏角色设定

7.1　玩家的化身

　　玩家控制的游戏角色在游戏中是玩家的化身，有着一个特殊的名字——Avatar。这个词源自梵语，用来指代天神换上的凡间肉身，它用在游戏角色身上是恰如其分的。在游戏中玩家正是操纵角色命运的"神明"，玩家通过游戏角色这个化身进入游戏世界中。

　　得益于与生俱来的情感天赋，人们总是很容易将自己的生理、心理状况"投射"在其他事物上。在田径项目中，当运动员看到自己掷出的铅球时，会不由自主地对投掷物的飞行轨迹产生生理上的反应，仿佛铅球成了身体的一部分，附有部分知觉。而在游戏中，比起外貌、行为，我们更熟知的是"化身"产生的"投射效应"。你会经常听到玩家在游戏时的反应——"哦！我又死了！""让开！你撞到我了！"

　　当不再将"我的角色"或是"我的车辆"当作主语，而是以"我"作为游戏体验的主体，玩家就已经下意识地将自己的感知能力投射在了"化身角色"身上。此时，"化身"之于玩家的代替作用也得到了充分的体现。

　　玩家与"化身"之间的关系是奇特的。有时候玩家和"化身"是明显分离的，而有时候玩家的心灵状态会完全投射到"化身"上，当"化身"受伤和受到威胁时，玩家的心也会随之牵动。人们常会把自身投射到其所正在控制的事物上，例如，开车时，人们把自己的身份投射到车上，就好像它是人延展出去的一部分。当观察一个停车位时，人们往往会说"我停不进去"；如果别的车撞到我们的车了，我们通常不会说"他的车撞到我的车了！"而是说"他撞到我了！"所以毫不奇怪，我们会把自身投射到我们正在直接控制的游戏角色身上。

　　"化身"的表现形式通常与游戏视角紧密相连，因此游戏设计者们常常讨论在"第一人称"与"第三人称"视角下玩家沉浸感的微妙差异。

　　第一人称视角相对还原了人类的视觉习惯，在大多数以第一人称视角进行的游戏作品中，玩家在游戏体验过程中无法看到自己所操控角色的具体形象，这样做能够让"扮演"的概念相对弱化，产生更强的真实性与参与感，进一步降低玩家进入游戏世界的门槛。

　　另一方面，在第三人称游戏中，一个可见的"化身"形象能够明确反映出角色的即时状态，这让"化身"更容易获得玩家的"共情"：如果玩家的角色受到攻击，他们会因为想象中的疼痛而不由自主地躲避；当他们看到自己的角色化险为夷，则会下意识地长舒一口气。"化身"的形象特征与行为动作在第三人称视角下的表现会更加丰富，这同时也向玩家生动传达了角色在游戏中的感官信息，令他们得以感同身受。

　　而讨论的要点常常在于第一人称视角还是第三人称视角更具沉浸感。其中的一个观点是：由于第一人称视角在场景中没有可视的化身，玩家在游戏中更容易投射感。然而移情的力量是很强的，当玩家控制着一个可视的化身时，他们常常在看到化身被击中时会下意识后退，而在化身躲过伤害时明显松了一口气。就好像化身是一种能产生身体知觉的巫术人偶那样。这种现象的另一个生动例子是玩滚球游戏的人，当他们控制着球沿着轨道前行时，他们往往会自己也施行一些"身体语言"。这种行为很大程度上是潜意识的，是这种玩家把自身投射到滚球上的结果。在这种情形下，滚球成为了玩滚球的人的化身。

投射体验的力量是强大的，只要我们和角色有着一定程度的关联就可以了。那么，什么样的角色更容易使玩家产生沉浸体验并将自己投射到其中呢？如图7-1所示，常见的投射体验类型分为理想型、白板型和混合型与自定义。

投射体验类型

理想型　　　　　白板型　　　混合型与自定义

图 7-1　投射体验类型

理想型

除了"人称视角"上的差异，根据游戏制作者对角色的定义，"化身"通常具有两个典型形象："理想型"与"白板型"。"理想型"，顾名思义，是玩家理想中渴望成为的角色形象。他们具备既定的性格与身份，玩家对角色行为的操控并不影响角色的形象，游戏角色带有自己的思考模式，对于游戏世界与人物的认知拥有自己的喜恶。

"理想型化身"可以具有丰富的台词，在即时操作以外的任何环节，他们可以主动推进自身与游戏环境的互动。因此更加有利于游戏编剧对剧情流程的把控，也方便他们围绕"化身"的形象为其量身定制个人剧情。

另一方面，当玩家操控奎托斯（见图7-2）杀尽众神时，玩家在游戏过程中并没有想到要以自己的身份介入剧情，游戏的目的是让玩家通过自己的努力去实现"英雄们理所应得的成就"。"理想型化身"是由游戏编剧为玩家提供的优质身份，虽然这些角色与现实中的我们少有相似之处，但在"偶像"的光环之下，身份的差异并不会影响我们对"化身形象"的投射，使得游戏很容易实现玩家的英雄梦。

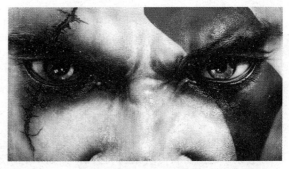

图 7-2　《战神4》奎托斯

白板型

与"理想型"完全不同，"白板型"更加青睐相对符号化的角色。美国漫画家斯科特·麦克劳德在其著作《理解漫画》中提出了一个很有趣的观点：角色身上的细节越少，读者就越有可能将自己投射到那个角色之中。在漫画里，那些设计好的既定角色与环境往往被赋予了非常多的细节，然而过多的细节会疏远了他们与玩家之间的距离。

当你将一个符号化的角色与一个被细致描述的世界组合起来的时候，就能够生出强烈的代入感。这种组合能够让读者戴上角色的面具，安全地进入充满感官刺激的世界。

一张肖像画只能代表一个人物，而一个符号化的表情则可以代表任何人。与漫画作品类似，在电子游戏里我们能够看到相近的应用。一些游戏提供了尽可能简单的"化身"形象，例如马里奥、索尼克或是雷曼，他们寡言少语、人畜无害。

这些角色拥有着标志性的外表特征，但对自身性格及形象细节的外在表现则相当克制，他们并不具备理想化的设定，对玩家来说正像是一块"白板"，我们可以轻易地将自己的性格与各类倾向涂抹在这些单纯的角色身上，将他们视为自己的替身与代表。

与此同时，这些游戏中的环境设计远比角色形象复杂得多，强烈的反差能够让玩家更加关注于游戏体验而非"化身角色"与自身的差异。简单的形象让玩家更容易投射身份，鲜明的特征使他们更加便于被记忆。

混合型与自定义

很多时候，"白板型"并不意味着绝对的简化，"理想型"与"白板型"常常可以被混合使用。不论是《光环》中的士官长（见图 7-3），还是《质量效应》中的薛帕德（见图 7-4），他们都是"理想型"的代表，他们具有概念化的身份，是改造战士、幸存者、灰烬或是龙裔，但不确定（有些是"可定制"）的外表与容貌又让他们成为了一个符号——这些"白板"几乎可以是任何一个人。

图 7-3 《光环》中的士官长　　　　　　　图 7-4 《质量效应》中的薛帕德

以"混合型化身"为出发点，很多游戏允许玩家自行定义"化身角色"的属性，从性别、外貌到出身，我们可以完全凭借自己的喜好来决定"化身"的游戏形象。

除此以外，"自定义"并不仅仅体现在角色的外表，为了方便玩家投射自己的喜恶取向，游戏为玩家提供了很多互动选项与剧情分支。

角色细节并没有被忽视，它们成为了玩家定制与抉择的素材，是玩家在填充"白板"过程中所要使用的，琳琅满目的"绘图工具"。

"自定义角色"所面临的问题在于其不能为所有类型的"玩家化身"提供定制化的个人剧情。为了给玩家投射留有足够的空间，"自定义角色"通常无法具备明显的性格特征，人物台词也惜字如金。这就使得"化身角色"的形象塑造受到了很大程度的限制，编剧们往往只能通过配角的侧面刻画对"化身"予以衬托，甚至在很多情况下，他们要完全抛弃对"化身"的主动塑造，转而通过宏大的世界观与丰富的 NPC 角色分散玩家的注意力，将叙事镜头变得相对宏观与粗略。

游戏制作者们一直尝试着拉近玩家与"化身"的距离。早期的电子游戏中,人物形象相对简单,角色极少与周遭环境产生互动。但随着游戏制作水平的进步,"化身"所能表现的细节也更加丰富,他们可能会因为寒冷而瑟瑟发抖,或者是因为炎热而大汗淋漓。当角色承受伤害或是体力不支时,玩家也能够根据各种信息了解角色的生理状态。

在不影响基本操作体验的前提下,"化身"对于周边环境与所处状态的反应越敏感,玩家对于角色的感受也就越深刻。如果让玩家彻底成为"化身"会不会实现更佳的游戏体验呢?也许 VR 技术能够给我们带来一些启示,图 7-5 所示为《头号玩家》中对未来 VR 游戏的展示。

在 VR 游戏中,玩家与游戏角色的界限伴随着虚拟现实的应用变得不再清晰,我们得以摆脱"化身"的限制,亲自参与到游戏之中。但是,这种游戏体验似乎并不能让所有人满意。

图 7-5 《头号玩家》中对未来 VR 游戏的展示

VR 游戏弱化了"化身"的实感

VR 游戏在近年掀起过一阵热潮,然而目前市场上的 VR 游戏仍然大多以相对短暂而单调的动作体验为主,它们难以讲述一段完整的剧情,对于角色的塑造更是无从谈起。虽然听起来有些奇怪,但若究其原因,很大程度上是受制于玩家身为人类的生理极限:VR 设备可以还原人类感官在虚拟世界中的空间感,但这恰恰限制了游戏角色的行动能力——游戏角色的生理机能通常是现实人类的夸张与延伸。VR 游戏试图让玩家成为"自己",可问题在于:很多情况下,我们希望获得与现实不同的体验,想要以此摆脱自己在现实生活中所遭遇的局限,因此,"玩家""化身"以及"两者之间适当的距离"对于大部分传统游戏类型来说仍然是不可逾越的。

7.2 游戏角色的功能

玩家所操控的游戏角色是玩家与游戏产生交互的主要媒介,虚拟世界中,它们是玩家的替身与代言。那么,这些特殊的虚拟形象在游戏体验中究竟起到了什么作用呢?在创造一个故事的过程中,我们往往会因为故事线的需要而创建出一些角色,但游戏又是在何时需要这些角色呢?当为你的游戏提出你所需的角色阵容表时,列出这些角色需要满足的所有功能是一项很有用的方法,然后再列出你已经考虑放到游戏里的角色,看看他们能匹配上哪些功能。

我们了解游戏角色的功能可以从传统角色原型和现代角色类型两个方面入手。传统角色原型就是一种传统通用的角色模板,把人类社会的实际情况和特定的故事类型联系起来,并设计出称为原型的角色类型,如图 7-6 所示。现代角色类型是指现代文学、影视等剧

图 7-6 传统角色原型

本中常用的角色定义。

传统角色原型
- 英雄：剧本的主角，创造出一个有趣的英雄和具有挑战性的考验，这样的角色和故事可以让玩家感受到更棒的游戏体验。
- 阴影：主要的反面角色，也就是我们统称的敌人，阴影象征了英雄的对立面，也经常是引发英雄所需克服困难的原因。
- 智者：年纪比较大，充满智慧的角色，引导英雄踏上命运之旅并最终到达目的地。
- 帮手：协助英雄完成任务的人，他们会支持主角和帮助实现他的目标，对主角面临的艰难任务施以援手。
- 卫士：代表着英雄的另一个对手或是障碍。卫士有时会挡住英雄的道路，对他进行某种考验。
- 骗子：阴影角色的同盟者，是对英雄的严重威胁，通常他的力量不比其他人更强大，但却是制造危险的主要人物。
- 信使：不断为英雄提供信息，指引英雄的下一步行动，经常会改变故事的发展方向。

现代角色类型
- 主角：主角就是所有剧本中的主要角色，也就是采取行动的那个人。主角就是玩家控制的角色。
- 反英雄主角：不按常理生活，会做出卑鄙选择的主角。
- 共同主角：让两个或者更多的玩家扮演的主角在游戏中合作，可以增加游戏体验的复杂性。
- 反派：对抗主角愿望的角色。反派并不总是邪恶的，但却是引发和主角之间斗争的关键因素，反派和主角的想法一样的简单，相对主角而对立统一。

　　无论是传统角色原型还是现代角色类型都是对游戏中主要角色进行了定义。在复杂的虚拟游戏世界中还有很多支持性的角色，这些角色都和游戏玩家的角色有着千丝万缕的关系，并在游戏世界中发挥着不同的作用，不仅推动主要的故事情节，还增加故事的丰富度和深度。这样的角色我们统称为配角。

配角
- 关键角色：通常和主角很接近，经常会有自己的故事，往往可以侧写出主角的故事。
- 伙伴：主角的同伴，提供重要信息，为主角制造弱点，并带来喜剧性的宽慰。
- 侍从：让玩家更好地了解坏人，让玩家听到邪恶计划，知道要去对抗什么。
- 盟友：沿途帮助英雄的人，盟友伙伴密切可能从任何地方出现。
- 走卒：为坏人服务，和盟友差不多相同。
- 叛徒：可以让坏人总能领先英雄一步，不断在沿途设下障碍。
例如，当在设计一个 RPG 游戏时，清单可按如下这样拟定。

角色功能
- 英雄：进行游戏的角色。
- 智者：给予建议和各种有用道具的角色。
- 助手：在特定场合下给予建议的角色。
- 导师：解释如何去玩这个游戏。

- **最终 Boss**：最终战役对抗的角色。
- **奴仆**：坏蛋角色。
- **阶段 Boss**：需要打败的难缠的家伙。
- **人质**：需要救援的角色。

快速想象一下，你可能会想到以下这些角色。

- 猫鼬公主——美丽，但坚强且决断的。
- 聪明的老浣熊——充满智慧却健忘。
- 豺狼——狂怒且报复心强的。
- 狐狸——不道德且满口讽刺性幽默的。
- 猫鼬军团——成千上百只的猫鼬。

现在我们需要把这些角色匹配到上面的角色功能上，这是一个能完全能发挥创意的好机会。最传统的方法是让猫鼬公主当人质，但为什么不试试不同的做法，让她当智者、英雄，又或者是最终 Boss 呢？！猫鼬军团看起来像是天生的奴仆，但谁规定得这么死板呢？或许它们有着邪恶的红眼是因为它们被邪恶的猫鼬公主抓住并催眠了！虽然角色和功能的数量不匹配，但这也并不意味着我们没有足够的角色去填入这八个功能了——我们可以创造出更多的角色，又或者赋予某些角色多种功能。假如你的智者聪明的老浣熊到了最后结果是最终 Boss，那样反转是不是更会让玩家充满惊讶呢？这会是一种讽刺性的扭转，也能为你省下多开发一个新角色的成本。可能你的助手和导师都是狐狸，又或者是豺狼充当着故事中的人质，而同时通过心灵感应消息的方式来扮演着智者的角色。

通过把角色的功能从这些角色的构思中分离开来，你能更清楚地思考，确保你的游戏拥有的角色完成了所有必须的任务，并且通过把功能叠加在一个角色身上而让一切变得更高效且富有趣味。

7.3 游戏角色设定方法

玩家的"化身"在一个游戏里是很重要的，它就像是传统故事中的主人公，但我们也不能因此忽略了其他角色的塑造，如图 7-7 所示。有很多关于剧本编写和小说创作的书，它们在关于如何增强角色吸引力的方面会给你不错的建议和指导。下面介绍在游戏角色设计开发过程中使用的一些有效的方法。

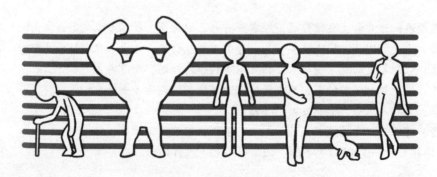

图 7-7 角色的塑造

方法 1：角色性格特征的确定

有很多种方法可以为角色界定出性格特征，列举出你能想到的界定这些角色的一切可能的事物，例如，他们喜欢和讨厌的东西、他们的穿着、饮食习惯、成长经历，等等。但最终你还是需要把这些归结到一个更简单的本质上：一个能总结出角色性格特征的清单。你需要为这些角色挑选出一些能一直保持的性格特征，以此来把他们界定得像现实世界里的真人那样。

你为角色选择的行为、他们如何执行这些行为，都应该能展现出这些性格特征。假如你的角色是鬼鬼祟祟的，那该如何展现他的跳跃动作呢？假如你的角色很消沉，那他跑起来该是怎么样呢？或许一个消沉的角色不会跑起来，只会走。为了确保角色的性格特征能在他的所说、所做上体现出来，游戏设计师需要对角色保持关注：哪些性格特征界定了我的角色？这些性格特征是如何在角色的言语、行为和外观上表露出来的？

方法 2：人际环状模型

游戏角色不会是单独存在的，他们会互相交互。社会心理学家常常会把角色间的关系用可视化的方式展现出来，这个视觉化的工具被称为人际环状模型。这是一个很简单的图形，只有两个轴向：友好程度和支配程度。如图 7-8 所示，这张密密麻麻的图展现了图形上分布着的众多性格特征。

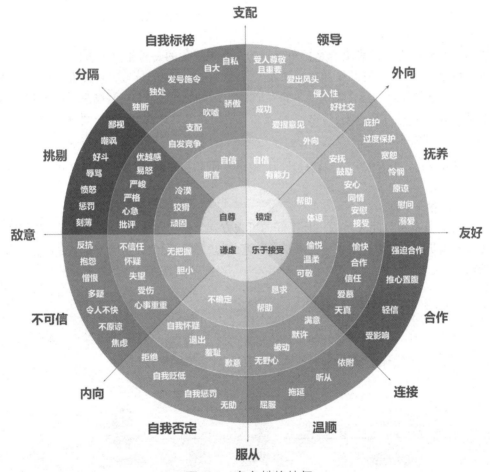

图 7-8　角色性格特征

第一次看到这张图你可能感觉非常复杂，但它其实是一个很容易使用的工具。例如，我们希望看看《星球大战》中的其他角色和汉·索罗（Han Solo）的关系是怎么样的。由于友好程度和支配程度是一种相关的角色特征，因此我们需要把这两项特征关联到特定的角色身上。图 7-9 展现出其他角色和汉·索罗之间的关系。

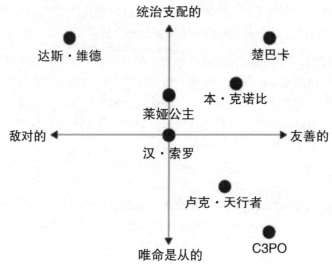

图 7-9　其他角色和汉·索罗之间的关系

　　像这样把角色分布在图表上，是把角色间的关系视觉化的一种很好的方法。我们能注意到达斯·维德、楚巴卡和C3PO这几个角色在图表上所处的是很极端的位置，这种极端是让他们变得有趣的一部分。你还能注意到他交流得最多的人是图形上最接近他的人。而在左下象限里没有任何的角色，这能让我们了解到关于汉·索罗的哪方面呢？你再看看卢克和达斯·维德在图形上的位置，想想他们有多大的差别？

　　这个模型并不是一个万能工具，它只是通过提出各种问题来帮助你思考角色之间的关系而已。

方法3：建立角色关系图

　　环状模型是观察角色间关系的一种很好的可视方式，但角色之间的关系还有着很多其他的因素。角色关系图是在角色设计过程中探寻角色对彼此的感受和态度，明确为什么会产生这样的感受和态度的很好方法。

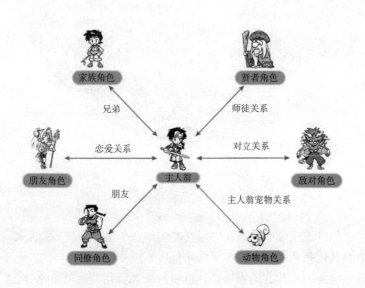

图 7-10　建立角色关系图

方法 4：利用身份地位

我们迄今为止看到的大部分的角色创作技巧都是来源于作家、导演和漫画师的经验，但其实演员这一职业也能为我们创造吸引人的角色提供许多建议。交互式的故事叙述和即兴的舞台戏剧都有着不可预测的特点，设计者从中提取出许多相似之处，事实上即兴演员的技巧对游戏设计师非常实用。

两个人或者更多人在任何情形下交互时，我们几乎都可以通过姿势、语调、眼神接触、衣着谈吐等大量的细节行为潜意识地判断对方的身份地位，无论这些人是朋友或者敌人、协作者或者竞争对手、主人或者仆从。而这种行为不仅存在游戏世界，也贯穿在我们现实生活的交往中。

- 身份地位低时包含的典型行为：坐立不安，避免眼神接触，抚触自己的脸，通常都会很紧张。
- 身份地位高时包含的典型行为：放松，感觉一切在控制之下，有着很强的眼神接触，头部少有肢体语言。

身份地位是相对的，它对单个人并非绝对的。身份地位就像一种我们都很清楚却不会开口说出来的密语。它存在于我们的潜意识深处，使得我们在创造虚拟角色时想不到要给予角色这样的行为，因为通常我们不会意识到自己做了这些事。但假如你为你的角色被赋予了这些行为，你很快会发现游戏会因此变得更加富有乐趣，例如游戏中的帮会系统，而这种感觉在大部分的视频游戏角色中是看不到的。

《阿比逃亡记》这个游戏在角色身份地位间的交互有着很多很好的例子。在这个游戏里，你控制着两个不同的角色，其中一个是奴隶，而另一个注定要坐轮椅（都是身份地位低下的）。在游戏过程中你会面对傲慢的敌人（身份地位高上的），也能从奴隶跟随者（身份地位低下的）处得到帮助。所有这些交互都是很有趣的，玩家从这些难以预料的身份反转中能得到大量的趣味。

方法 5：利用声音的力量

人的声音具有很强的影响力，它能在很深的潜意识水平里影响我们。这就是有声电影将电影业从一种新颖事物升华为 20 世纪主导的艺术形式的原因。近年来，游戏相关技术经过不断的发展才允许现今的视频游戏大量地运用声音演绎。但即便到现在，游戏中的声音演绎相比于电影中的强烈表现力来说还是显得原始和稚嫩。

在动画片设计制作过程中，剧本是最先完成的工作，然后才会引入声音演员来录音。在录音的过程中声音演员会产生即兴创作，台词也会因此被修改，好的创作将会成为剧本的一部分，为故事锦上添花。一旦录音完成以后，角色和画面就开始设计了（往往会加入演员的面部特征），动画制作阶段也正式开始。而与动画相反，在游戏设计过程中游戏角色往往是先行设计和建模的，然后再进行剧本的编写工作：先做好基本的动画，再加入声音演绎，声音演员需要去模仿所见，而不是表达他对角色行为的感受，声音演员在整个创作过程中偏外围，声音的力量因此被削弱。

那为什么这个过程不能反过来做呢？因为游戏开发的过程是很易变的，剧本会在整个过程中不断产生变化，如此围绕着声音来创造角色的成本显得太过昂贵。但或许日后新技术的出现可以使得声音演员在游戏角色设计中占据更大的比重，从而增强声音在游戏里的力量。

方法 6：利用面部表情的力量

我们的大脑里有很大比例的"硬件"是用来处理面部表情的。我们拥有着整个生物界中最复杂和最富有表现力的面部表情。例如，人类拥有眼白，而大部分其他动物少有眼白。人们常说眼睛是心灵的窗户，这似乎是人类在进化过程中作为交流的一种方式而保留下来。

很少有视频游戏给予面部表情足够的关注。游戏设计师大多更加关注角色的行为而很少考虑到角色的情感方面。当游戏角色的面部表情动作丰富时，例如游戏《塞尔达传说：风之杖》，它往往会引起更多关注。早期的3D游戏在角色设计上有着非常严格的面数限制。在建立和测试游戏模型时，设计师都会问："这些角色需要更多的细节吗？"而每一次都是同一个答案："是的，在面部表情上。"在经过五六轮的修改后，角色的身体缩小到几乎没有，就像只有一个悬浮着的脑袋——但这是用户喜欢的，因为游戏是一种自我表达的行为过程，而面部表情是最富有表现力的工具。

如图7-11所示，面部表情并不需要造价昂贵，简单的眼眉动画和眼影动画就能产生极大的力量。但前提是你必须让玩家能够看到角色的面部表情。玩家"化身"的面部表情通常是看不到的，而《毁灭战士》的设计师找到一种改变这点的方法，他把角色"化身"的面部表情的预览小图放到了屏幕底部。由于我们的周围视觉更容易注意到面部表情的表现而不是数字，设计师很聪明地做出对应于生命槽的面部表情表现，如此使得玩家的视线无须离开敌人就能知道自己的生命状态。

图 7-11　设计角色面部表情

方法 7：强力的故事能让角色转变

出色故事的一个特征是故事里的角色是会随着剧情发展进行改变的。然而可惜的是视频游戏的设计师很少会考虑这点，他们往往倾向于把游戏角色视作固定的类型——坏蛋始终是坏蛋，英雄天生就是英雄。这让整个故事叙述的过程变得很无聊。优秀游戏成为经典的原因在于它们做了几乎每一部成功的小说和电影都会做的事——让各种事件随着时间而改变主角，这就像《神鬼寓言》和《星球大战：旧共和国骑士》那样。

毫无疑问，游戏中不可能在每一个角色身上都发生有意义的改变，但主角改变或许还能映射在主角身边的其他角色身上，例如主角的伙伴或者是坏人。为游戏中角色的转变进行视觉化处理的一种很好的方法，是制作一个角色转变表，表里左边列出所有的角色，表的顶部列出故事里的不同章节，然后写下角色在什么地方发生了如何的转变。表7-1所示是《灰姑娘》中的剧情转变。

表 7-1 《灰姑娘》中剧情的转变

角色	章节/场景				
	家中	宴会邀请	舞会当晚	第二天	最后
灰姑娘	难过痛苦女仆	充满希望而后又很失望	一个美丽的公主	再次痛苦且难过	从此以后都很快乐
她的继母和同父异母姐妹	高傲且自卑自私	狂喜且自大	没有受到任何注意而失望	希望自己能穿上高跟鞋	丢脸且难以置信
王子	孤独	还是孤独	对一个神秘的女士着迷	拼命地寻找	从此以后都很快乐

随着时间观察每个角色，而不是只盯着故事线，我们就能得到一种独特的视角，这能有助于我们更好地理解这些角色。角色中的一些转变是临时性且微小的，而有的转变是巨大且永久的。通过不断考虑如何改变且尽可能使角色做出最大的改变，你的游戏剧情就能比仅仅浮于表面的故事要强力得多。这种角色转变的观点是我们最后一个关于角色设计的方法。

思考与练习

围绕游戏玩家的"化身"与游戏体验，根据传统角色原型和现代角色类型，运用角色性格特征的确定方法来设计角色的成长和转变，让我们一起进行以下深入的思考与练习：

1. 角色类型的选择与设计

选择一个游戏类型，讨论在该类型游戏中，使用"理想型化身"和"白板型化身"各有哪些优缺点？思考不同化身类型如何影响玩家的沉浸感和代入感，如何在角色设计中平衡角色的固定特征与玩家的自主性。

2. 角色功能的分析与应用

选择一款你熟悉的游戏，列出其中的主要角色，并将他们对应到传统角色原型或现代角色类型中，分析他们在游戏中所发挥的作用。思考不同类型的角色如何协同或对立，如何确保每个角色都有独特的价值，避免角色功能的重叠和冗余。

3. 角色性格特征的塑造

为你设计的游戏角色，列出详细的性格特征清单，包括他们的喜好、厌恶、习惯、背景故事和成长经历。提炼出角色的核心性格特征，将其归纳为几个关键词，并阐述这些特征将如何在游戏中通过行为、对话和情节体现出来。

4. 构建角色关系图

利用人际环状模型和角色关系图，选择你设计的多个角色，绘制他们之间的关系图，标注每个角色的支配程度和友好程度，以及他们之间的关系。思考玩家如何通过了解角色关系，制定策略并影响故事走向。

5. 角色的成长与转变

设计一个角色的成长弧线，描述他／她在游戏中的初始状态、经历的关键事件和最终的变化。思考角色的转变如何增强游戏的情感冲击力和玩家的投入感，如何通过选择和行动影响角色的命运。

通过以上思考与练习，希望你能深入理解游戏角色设定的关键要素，创造出既具有鲜明个性又能与玩家产生深刻共鸣的角色，提升游戏的叙事深度和玩家体验。

第8章
游戏世界的空间设计

8.1　游戏空间设计的目的

　　游戏空间环境对于游戏剧情的表达至关重要，它可以更好地帮助向玩家传递游戏剧情，使玩家产生沉浸体验。那么如何将情感体验在游戏空间设计中体现出来呢？你需要掌握一些策略方法。

　　我们不可否认的是，较游戏本身，人们更注重游戏所能引发的情感体验。《风之旅人》的创作者之一陈星汉曾说："当人们感到饥饿的时候，他们会出自本能地寻找食物。不过，和生理的饥饿类似，人们的情感也会感受到饥饿，此时他们将寻找精神食粮，从音乐到电影，从小说到游戏。我们意识到游戏实际上能够帮助玩家激发很多种情感体验。"《游戏设计艺术》的作者也曾说，"在进行游戏的过程中，人们便拥有了游戏带来的体验，这就是游戏设计师所关注的游戏体验。如果丧失了这种体验，那么游戏便一文不值了。"和设计师类似，众多的玩家群体对情感体验的关注也超过了游戏本身，他们为了游戏过程中产生的种种体验而进行游戏，不论是通过了游戏挑战的踏实和成就感，还是想明白一个问题后单纯的快乐，不过大多数玩家自身并未意识到自己是为了情感体验而进行游戏。

　　人们拥有的情感可以通过言语、音乐、电影、文学、戏剧等种种艺术传达给其他人，艺术作品此时扮演了情感媒介的作用，同样，游戏也能够成为这种传达情感的媒介。荷兰著名历史学家和文化学家约翰·赫伊津哈加在《游戏的人》中所说："大量确定的游戏生物学功能的尝试显出惊人的差异。游戏的起源和原因被某些研究描述为过剩的生命能量的转换，另一些研究则说是某种'模拟本能'的释放，或再简化为放松的一种'需要'，等等。但游戏的愉悦实际是什么呢？生物学的分析对游戏的这种激动和专注一无所解。而在这种激动、这种专注，这种生气勃勃的力量中，存在的正是本质，游戏的原初品质。大自然给我们的是游戏，是有激情、有欢笑、有愉悦的游戏。"游戏并非一个为了解决实际问题的工具，玩家进行游戏的过程实则是一系列情感体验的过程，若游戏不能够提供他们所需的情感，玩家也极易放弃游戏。

　　文学家通过跌宕起伏的剧情传达情感，电影创作者通过镜头语言感染观众，那么游戏通过什么传达情感呢？答案是"事件"（events）。事件在玩家与游戏机制交互的过程中生成，这些事件的内容、生成顺序在每次玩的过程中均有所不同。曾经有一次我在玩一款二维游戏《勇敢的心：伟大战争》（图 8-1），我趁着敌人给机枪装上弹药的时间快速地向前方的战壕移动，但是由于操作失误，导致还未到达战壕之时，敌人已经开枪了，此时我只能控制虚拟角色快速向后撤退。我所陈述的这些均是游戏事件，它们是与物理机制、角色控制机制、敌人规律性射击的机制等交互的过程中生成的。这些事件引发了我们的情感，"还未达到战壕时敌人已经开枪了"激发了强烈的紧

图 8-1　《勇敢的心：伟大战争》

张感和危机感，"控制虚拟角色往后撤退，并且保证了安全"则引发了短暂的松弛感，我在经历屏住呼吸瞪大双眼并疯狂地按电脑键盘的数秒后终于长舒一口气。

游戏事件能够引发情感体验，而展现游戏事件的方式却未必是通过与游戏机制的交互。有的游戏会直接使用文字、动画等形式来展现某一段故事。例如，《三位一体》（图 8-2）在最初进入游戏时，采用旁白来叙述情节；《鬼泣 4》在展现关键剧情时多次采用了动画的形式。因此，如果说游戏事件能够引发情感体验，那么通过游戏机制生成的事件也不是唯一引发情感体验的方式，游戏中设计师制定好的类似于动画片段展现的事件亦能够激发玩家的情感。但是，通过游戏机制来

图 8-2 《三位一体》

引发事件却能够展现游戏的独特性，这能够将游戏和其他媒介相区分，因此设计师们需要重点控制的亦是这一点。将情感引发因子隐藏在机制和系统当中，当玩家触发机制、与游戏系统交互之时，这些因子将被释放出来。

游戏机制本身是抽象的，但我们却能够看见、听见它们，我们所感受的是一个有血有肉的整体，而不是抽象的概念性游戏机制。游戏机制是支撑这个整体的骨架，但我们所感知到的是附加在这个骨架表层的声音、图像、动画、特效等全部元素的交互规律。因此游戏当中任何一个可见的或可听的、可感的元素都不仅仅是这个元素本身，和画在纸上的、单纯用耳机收听的不一样，它们是附加在游戏机制上，具备了被游戏机制所操纵的规律的特殊游戏元素，当它在游戏当中，才具有了更重要的特殊意义。

游戏事件有成千上万种，每一个事件的内容均不相同，每一个事件在不同的上下文环境中，其引发的情感亦不同。情感体验也有成千上万种，某一种情感的激发方式数不胜数。因此，本文并不针对特定的情感，或者特定的游戏事件去研究它们的关系，而是针对通过游戏机制所产生的事件引发情感体验的这种规律，来寻找强化游戏情感体验的方法。

空间和情感体验

空间形态本身就会影响观者的情感，即便任何事件并未发生，我们仅仅是站在空间当中，或者在空间中随意漫游，也能够感受到空间带来的特定体验。正如普通情况下，当我们看见红色和绿色，就能够引发不同的情感一样，大型空间和小型空间给人们带来的体验亦有所不同。

最为典型的三种空间形态，包括狭小空间（Narrow Space）、中等规模空间（Intimate Space）和开阔性空间（Prospect Space）。狭小空间通常能够引发人们的幽闭感、压抑感或紧张感，由于它限制了人们的行动，能够让我们产生自己能力受限、不能够给自己带来足够自由和安全的感受；中等规模空间即非过度狭小亦非过度开阔，尺寸合适，能够让我们感受到舒适感和轻松感，因为我们可以自由观察空间中的任何事物，自如地移动到任何希望到达的地点；开阔性空间则通常能够让人们体验到自由、释放，但同时包括无助、孤独和恐惧（广场恐惧症）。

空间的形态多种多样，除此三种以外，还有众多形态复杂的空间，而相同形态和结构的空间，在不同的光照、色彩及其他环境因素的影响下，也会产生不同的情感体验。

虚拟空间和情感体验

电子游戏提供的是虚拟空间，虽然在现实生活当中，我们只是坐在电脑面前而已，但依旧能被替身（Avatar）在一个虚构空间中的运动激发情感。这是因为我们大脑中具备镜像神经元，当我们观察其他个体在进行某些活动时，镜像神经元则会被触发，人类能够理解其他个体的情感、包括模仿其他人的动作等都与镜像神经元的作用息息相关。当人类观察另一个个体在某个三维场景中移动时，空间定向镜像神经元将会被激活，从而想象真实的自己在这样的环境中将会是什么情景，由此相关的情感则被激发，因此我们能被所操控的虚拟个体影响，被虚拟的三维空间所影响。例如在《寂静岭》游戏系列（图8-3）中，在某个场景，玩家需要控制替身将手伸进墙上的一个小洞或马桶中获得一件事物时，会感受到焦虑和恶心。即便我们坐在一个宽敞明亮的房间中玩一款恐怖求生类游戏，虚拟场景的阴暗狭小也能够将紧张和压抑传达给我们。

图 8-3 《寂静岭》

虚拟空间在"游戏"这种媒介语境下，影响情感体验的几种方式。

游戏空间对情感体验的影响主要存在三个方面。

（1）空间作为一种视觉元素影响观者的情感。虽然空间形态多种多样，这些空间被用在什么位置，它们是如何组接的，光线如何，是否被阴影、迷雾等笼罩等众多因素均可使得空间对人的情感产生不同的影响。我们能够确定的是，空间本身就可以影响我们的情感，即使我们在空间当中并未经历任何特殊事件。这一点可以被称作"空间的基础体验"。

（2）空间作为视觉元素传递的情感和游戏事件内容传递的情感是相结合的。游戏通过事件引发玩家的情感，事件内容本身是能够影响玩家的情感的，例如当我们"寻找到了打开房间门的钥匙"，这个事件内容在某些情况下能够引发某些正面情感，例如愉悦、满足、轻松或者成就感等。同时，空间本身即可引发人们的一些情感，作为"基础体验"。事件是发生在某个空间当中的，空间是事件的环境背景，我们在游戏中经历的事件，并不是和小说或睡前故事那般被叙述出来的没有具体视听信号的事件，而是发生在一定空间中的事件，是具体而独特的事件。由事件引发的情感是一种综合的情感，它是由事件本身内容所产生的情感和空间基础体验、背景音乐、游戏外设的反馈等因素融合在一起的。针对同一内容的事件，比如还是"找到打开房门的钥匙"，而设计师创造了两个房间，一个是能够为玩家带来极度压抑情感的空间，另一个能够引发舒适情感的空间。结合第一点所述，玩家能够感受到空间本身带来的情感，并经历着"找到钥匙并打开房门"这个事件，那么在极度压抑情感的状态下经历打开房门事件，和在舒适状态下经历的打开房门事件，这两种内容相同但发生在不同空间下的事件所引发的综合情感是不同的。一般而言，前者的事件能够为玩家带来更强的松弛感，因为打开房门的瞬间抒发了长期积累的压抑感。

（3）空间对游戏挑战的难度方面有着显著的影响。空间影响玩家的情感而不仅仅是作为视觉元素影响玩家的情感，甚至能够从游戏挑战方面直接影响事件的结果。一方面，空间的形态和结构能够影响玩家的视线，视线的无阻意味着玩家拥有更多可行的策略性选择，因为他们有更充裕的时间制订计划，并且对环境形势也更为了解；另一方面，削弱玩家视线将使其处于不利形势，因为他们对周围环境所知甚少，也没有足够时间应对特定问题。这能够影响游戏的难度，因为游戏挑战发生在当前的空间中，敌人从什么位置出现，敌人出现时玩家应该会在什么地点，玩家的处境是具备优势还是劣势，都是设计师需要考虑的因素，"居高临下"就形容了空间和挑战的关系。在《生化危机》系列（图8-4）的很多场景中，玩家需要和僵尸进行对战，对于同一个种类的僵尸（相同体型、移动速度、攻击能力和生命值），如果玩家在一个十分狭窄的廊道中和它对抗，那么玩家的逃生方向只有一种，就是背对着僵尸的方向；而如果这种挑战发生在开阔性空间中，玩家的逃生方向则有除面对僵尸外的所有方向。后者的逃生方向大大多于前者，因而后者的游戏挑战难

图 8-4 《生化危机 5》

度也大大低于前者。这两种空间中发生的挑战实际上是两种事件，一个是高难度的挑战事件，另一个是低难度的挑战事件，在同样是挑战事件这种类别下，这两种不同等级的事件引发玩家产生的情感体验是不同的。

通过游戏空间强化玩家的情感体验

游戏能够通过与游戏机制交互过程中引发的事件来激发玩家的情感。事件的发生有一个过程，完整的游戏会让玩家经历一系列的事件，它们分别处于时间轴的不同位置，有些事件同时发生，有些事件依次发生。下面从事件发生的前中后期，来分析利用游戏空间来强化情感体验的几种方式，从而提炼出设计空间的理念。

（1）事件发生前

虽然游戏事件引发玩家的情感，不过并不是必须在事件的发生过程中和结束时才能引发情感，实际上，在事件发生之前，我们就已经能够并应该开始着手引导玩家产生情感体验。我们应该让游戏事件发生前，让玩家仅仅在空间当中的探索就变得十分有趣。和小说与电影不同，游戏中的事件不会一个一个呈现出来让玩家体验，而是需要玩家自己去寻找事件，而这是玩家在探索空间的过程中发生的。如果把游戏的全过程表现在一个时间进度条上，那么当玩家有效地进行探索并和游戏对象交互时，进度条会逐步前进；如果玩家被困于空间中迷惑而不知所措时，那么这个进度条是停止的。这意味着在一段真实的时间当中，玩家未能体验到来自游戏事件的情感，甚至会因更多的理性分析"我应该向何处探寻"这种问题而丧失沉浸。

引发沉浸的条件之一为明确的目标，游戏空间能够帮助我们解决的，是为玩家建立探索目标。当然并非是直接地告诉玩家该往何处探索，而是创造暗示性的空间从而聚焦玩家视线，形成"空间的引力"，促使玩家在潜意识中生成要去往某处的动机。由此我们得出第一条空间设计理念——空间的引导性。

空间的引导性

设计师斯科特·罗杰斯（Scott Rogers）曾引用沃尔特·迪士尼在构建迪士尼乐园时使用的"小香肠"技法。正如利用一系列香肠等食物诱导动物按照规定路线行走一般，设计师可通过较为突出的空间元素引导玩家前进。在《侠盗猎车4》的自由之城中，幸运神像和鹿特丹大厦等标志性建筑

即起着类似"小香肠"的作用——在这些建筑周围探索，玩家将更易掌握当前方位。《风之旅人》（图8-5）在正式进入游戏的第一幕，就将摄像机定位于能够清晰地看见并确定游戏目标的位置，游戏目标使用了和其他场景呈现较大区分的高耸山峰，并使用高亮度光源将其标记。随后游戏的绝大多数场景都在广袤的大漠中，但玩家时刻都能通过此标记来确认自己的方位。

图 8-5 《风之旅人》

独立游戏节获奖作品《色欲与傲慢》利用狭长隧道形成的透视构筑空间引力。根据透视，两条平行线将于视线尽头聚焦于一点，这将暗示画面的重心。这种技法很早便出现在各种古典艺术设计中，拉斐尔就曾在《雅典学院》中运用透视原理将观众视线引向柏拉图和亚里士多德的位置。《色欲与傲慢》中的关卡运用透视将玩家视线聚焦于隧道尽头，突出了玩家的目标，激发他们驶出隧道的动机，如图8-6所示。

引导性的空间能够将玩家有效地引导至发生事件的位置，从而高效地通过游戏事件来激发情感。不过这种空间的引导性通常较为直接，也时常被运用于大场景中，使得玩家探索的大方向保持正确，其目的本身不在引发玩家的情感，而在于引导玩家到能够引发情感的地方。那么在规模较小的区域当中，我们是否能够直接通过空间来引导玩家，并同时激发他们的情感呢，答案是肯定的。由此得出空间设计的第二条理念——空间的悬念性。

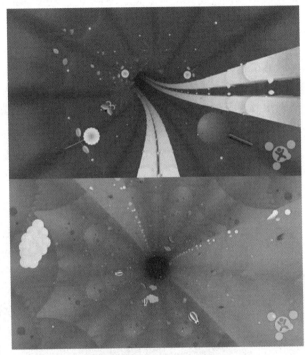

图 8-6 《色欲与傲慢》

空间的悬念性

并不是已经发生的事情才能产生情感，重要的是让玩家感受到事情发生的可能性。事件引发玩家的情感，如果玩家经历过某个事件，而后又预计该事件即将发生时，和事件相关的情感体验即将被激发。此时玩家还未经历这种事件，但当他们在空间中探索时，我们可以提前透露一些未来发生事件的信息，这将是玩家分析未来可能发生事件的机会。

《超级玛丽奥64》的部分关卡通过向玩家展现后续空间的局部信息达到营造悬念的目的。当玩家沿着自下而上环绕了整个虚拟环境的道路进行探索时，远处场景中包含的少量信息提示玩家未来可能发生的事件，例如其中包含的奖励元素、敌人元素分别预示了未来的奖励事件和挑战事件。这些预期将分别激发玩家的愉悦情感和紧张或兴奋的情感，随后玩家在探索场景和行进的过程中将能够继续保持着这些情感。相较于单纯的探索，在悬念性空间中的探索将带给玩家更多的情感体验，从而提升游戏的乐趣。

（2）事件发生过程中

在论述空间和事件的关系时，我们已经讨论过空间本身为玩家带来的"基础情感"和事件内容为玩家带来的情感体验将会融合在一起，最终他们体验到的是综合情感。设计师在进行设计时，应充分分析事件为玩家带来的情感和自己希望通过事件带给玩家的情感。而所设计的空间应和这种由事件引发的情感相关联，这种关联可以是相似、对应、互相导向等。如此，空间则和事件更加紧密地结合在了一起，从而充分地体现出事件在当前空间中发生的特殊性，此为第三项空间设计理念——空间和事件的关联性。

空间和事件的关联性

在"生化危机"系列中，与僵尸战斗本身为玩家带来了恐怖、紧张的情感，而众多的战斗背景是光线幽暗的狭窄性空间。此类空间本身即可为玩家带来压抑和幽闭的情感。由事件内容引发的情感和由空间引发的情感均属于负面情感，两种负面情感相融合，使玩家体验到的综合情感强于单独由事件引发的或者由空间引发的情感。

在《塞尔达传说：时之笛》（图8-7）的时之神殿关卡中，玩家最终将获得一件十分重要的道具剑，该宝剑在一个拜占庭式教堂当中，高耸而宽阔的空间强调了剑的重要性。"收获重要道具"事件内容本身代表着游戏一个阶段的完成，是对前一个阶段玩家努力战斗和探索的奖励和肯定；而教堂的开阔和挺拔展现了庄严的氛围，正如欧洲众多哥特式建筑采用此种风格，使教徒们在充满着神圣氛围的空间中可以更好地感知上帝一般。庄严感的空间结合收获重要道具的事件，两种较为接近的情感进行融合并传达给玩家，这种融合甚至能够传达出荣耀制胜的情感。

图8-7 《塞尔达传说：时之笛》

《风之旅人》的设计师们希望传达未知、彷徨而畏惧的情感，因此他们将游戏空间设计为一片广袤的沙漠，在这样的空间中，玩家感受到自己是困惑的、渺小的（图8-8）。在游戏中，每个场景最多只有两名玩家同时在线，并且这两名玩家之间不能使用语音或文字通信，但他们能够互相释放能量鼓励对方前进。这种交互机制的设定，使得玩家不断关注着另一位玩家、帮助和鼓励另一位玩家，而大漠作为开阔性空间本身即可为玩家带来孤独、无助等类

图8-8 《风之旅人》

似的情感，这种由空间引发的情感和事件内容存在着由前者导向后者的关联，在此，空间即很好地

强化了设计师所希望表达的情感。

（3）介于两个事件之间

在游戏过程中玩家将经历一系列的事件，这些事件如果类型过于相同或者密度过大，则较易使玩家产生疲倦的体验。一般情况下，设计师为了调整游戏的节奏，会将不同困难程度的挑战依次排列在一起，使玩家的经历跌宕起伏，能够在高强度挑战和低强度的冷却状态间交替。结合上述的第二点"空间和事件的关联性"，如果设计师已经设计好了调整游戏节奏的低强度挑战区域，那么只要使得空间的视觉表现能够配合低强度挑战即可；而即使设计师并没有设计不同难度的挑战，我们也可以直接通过空间来调整玩家的情感节奏。由此引出又一个空间设计理念，即空间的对比性。

空间的对比性

有的设计师采用调整游戏事件的方法来掌控游戏节奏。但即便不安排任何用来调整节奏的事件，仅仅发挥空间形态为玩家带来的情感的这种特点，我们也能够调整玩家的情感节奏。玩家从低矮的洞穴中进入一个开阔性空间，前者空间为玩家带来的情感和后者空间不同，即使玩家在进入开阔性空间后并未发生任何事件，仅仅由开阔性空间为玩家引发的自由、释怀的情感，也使得此前在洞穴中的紧张作战状态得以调整。

《无敌弹珠》（*Smash Hit*）的核心玩法为"打碎玻璃"，这些玻璃作为障碍物，会不断出现在玩家面前，玩家需在行进过程中不断将其击碎从而通过障碍。在很多片段中，游戏使用狭小空间作为挑战区域。狭小空间本身为玩家带来的幽闭感使得玻璃障碍物的威胁性被再次放大，由此强化了玩家的紧张和压力。而在紧接着挑战区域后的冷却区域，游戏多采用了开阔性空间，从狭小空间进入开放空间的瞬间使玩家感受到开阔性空间带来的轻松、自由与释放。在对比性较强的空间中探索的过程能够影响玩家的情感，这种情感的交替调节了玩家的情感体验节奏，避免玩家因高密度的挑战而损失沉浸。

《纪念碑谷》的设计师曾说，在很多游戏中，空间仅仅是事件发生的环境，是玩家无须关注的，但是如果恰恰相反，将空间作为探索的主要目的，是否会更有趣呢？《纪念碑谷》（图8-9）已经用实践结果证实了这一点。我的一位高中同学曾和我讨论过密室逃脱游戏，她提起一次让她难忘的密室逃脱体验，那家体验馆和其他的体验馆截然不同，后者通常是一间间普通的屋子，里面摆放了一

图8-9 《纪念碑谷2》

系列通关道具，然而那家让她难忘体验馆的空间却本身便是一种值得被探索的环境，空间和物品结合得十分完美，不论经过多少年，那次体验的兴奋感依旧能够清晰地浮现。由此可见，游戏空间为体验者营造的情感体验具备多么重要的价值。虽然文章的作者之一倾向于认为游戏不需要扛着"艺术"的担子，很多时候触发游戏机制与游戏系统的交互仅仅在为玩家带来简单的快乐便已足够，但在这些明显且需要玩家主动交互的系统之外，游戏空间，以及空间外的音乐、动效、色调、灯光效果等因素都在暗处发挥着至关重要的作用。除叙事之外，将这些因素与游戏机制、系统进行调和便已然是一项艺术创作的活动了。为了使游戏更好地服务玩家，我们需要将其当做一件艺术品一般研究、品味和雕琢。

8.2　虚拟的空间建筑

克里斯托弗·亚历山大（Christopher Alexander）是一名建筑师，他把一生都贡献在各种空间是如何造成人们的感觉的研究上（图8-10）。他写的第一本书《建筑的永恒之道》里尝试去描述出各种设计优秀的空间和物件之间所共有的一个独特的特征。他是这样说的：

图 8-10　克里斯托弗·亚历山大

想象你在一个冬天的下午，一壶茶，一盏供你阅读的灯，两三个让你靠着的大枕头。现在这些是能让你感到舒适的，这种感受也是你无法展现给别人或者告知给别人你有多喜欢的——我的意思是这种感觉是你自己真正喜欢的。

你把茶放在能够得着却不会把它打翻的地方。你把灯的高度拉低，让它能照到整本书，但却不会亮得让你看到灯泡。你把靠垫放到背后，小心地把它们一个个摆到你喜欢的地方，让它们能撑着你的背、脖子和手臂，如此能让你靠得很舒服，能让你一边喝茶，一边阅读，一边做梦。

很难轻易地指出这种特征到底是什么，但大部分人在体验到的时候都是清楚它的存在的。亚历山大注意到这种不知名的特征有着以下特点：

- 它们感觉上是有生气的（alive），就像它们有着能量一样。
- 它们感觉是完整的（whole），就像任何东西都没有漏下一样。
- 它们感觉是舒适的（comfortable），接近它们是一件赏心悦目的事。
- 它们感觉是自由的（free），不会违反习惯地约束你。
- 它们感觉是精确的（exact），就像它们正如人们所想的那样。
- 它们感觉是无我的（egoless），和整个世界关联在一起。
- 它们感觉是永恒的（external），就像它们过去和将来都一直在这里。
- 它们是去除内在矛盾的（free from inner contradictions）。

这个列表里最后的"去除内在矛盾"对任何设计师来说都是极为重要的，因为内在矛盾是任何糟糕设计的本质。假如一个设施能让我的生活变得更轻松，但它却很难用，那这就是一种矛盾；如果某样东西应该是很有趣的，但用起来却无聊且烦人，这也是一种矛盾。一个好的设计师必须小心地去除所有的内在矛盾，不要习惯它们和为它们找借口——为此让我们在工具箱里增加一项去除矛盾的工具。

亚历山大列出的生物结构的 15 个特征

（1）**级别层次**（Levels of Scale）。玩家需要先满足短期目标才能达到中期目标，如此反复从而最终达到长期目标。我们能在这种分形（分形，具有以非整数维形式充填空间的形态特征。通常被定义为"一个粗糙或零碎的几何形状，可以分成数个部分，且每一部分都至少近似地是整体缩小后的形状"，即具有自相似的性质。分形"Fractal"一词，是芒德勃罗创造出来的，其原意具有不规则、支离破碎等意义。）的兴趣曲线中看到这点。我们还能在嵌套的游戏世界结构中看到这点。例如《孢子》就是一个有着级别层次的集合体。

（2）**强大的中心**（Strong Centers）。我们能在视觉布局中看到这点，也能在故事结构中看到。玩家的化身正是整个游戏世界的中心，而我们通常会更喜欢强大的角色而不是羸弱的角色。而且我们还希望这些强大的中心能变成我们在游戏里的目的，也就是游戏的目标。

（3）**边界**（Boundaries）。很多游戏是以边界为主的，无疑，任何带有领土概念的游戏都是对边界概念的一种延展。但其实规则也是另一种边界，而一个没有任何规则的游戏是根本不算游戏的。

（4）**交替性重复**（Alternating Repetition）。我们在国际象棋的棋盘上常能看到这种让人愉快的形状，在很多游戏中也能看到"关卡 /Boss/关卡 / Boss"依次出现的循环。甚至是"紧张 / 放松 / 紧张 / 放松"也是一种让人愉快的交替性重复的例子。

（5）**正空间**（Positive Space）。亚历山大在这里所指的是其前景和背景元素有着美丽和互相补足的形状的特点，就像太极的阴阳鱼（图 8-11）。在某种意义上，一个平衡良好的游戏也有着这种特点，它能让多种交替性策略有着环环连锁的美感。

图 8-11 《文明Ⅵ》中的地域空间

（6）**好的外形**（Good Shape）。这就像听起来那么简单了——一种让人满意的外形。在游戏里我们肯定会从各种视觉元素中寻找这个特征，在关卡设计中我们也会看到和感受到这点。一个优秀的关卡能让你感觉"实在"且有着一条"良好的曲线"。

（7）**局部对称**（Local Symmetries）。这和镜子成像的全局对称是不同的，它表示在设计总有着多处小型的内在的对称。《塞尔达传说：风之杖》在它整个游戏结构中就有着这种感受——当你身处于一个房间或者一个区域时，它们看起来都是有着某种对称的，但连通到其他区域时又让你感觉它是富有组织的。规则系统和游戏平衡也能拥有这样的特点。

（8）**深层的连锁性和相关性**（Deep Interlock and Ambiguity）。这是指两种事物紧密地纠缠在一起，从而互相界定了对方的情形——假如你拿走其中一样，那另一样也无法单独存在。我们在很多桌面游戏上能看到这点，例如《Go》这个游戏。棋盘上棋子的位置也是只有相对于对手的棋子才能产生意义的。

（9）**对比**（Contrast）。在游戏里往往有着多种对比。例如对手之间的对比，可控与不可控的对比，奖励与惩罚的对比。当游戏里的各种对立面是强烈对比时，游戏才能让人感觉更有意义和更富挑战。

（10）**变化坡度**（Gradients）。指的是逐步改变的特点。逐步提升的挑战曲线就是其中一个例子了，与此类似的还有设计得合理的概率曲线。

（11）**有瑕疵的**（Roughness）。当一个游戏太完美时就没有特点了。各种玩家自发制定的"规则"往往让一个游戏看起来更有活力。

（12）**回声**（Echoes）。回声是一种舒适而统一的重复。当 Boss 怪物和它的仆从有着某些共同点时，我们能体验到这种回声的特征。好的兴趣曲线也有着这种特点，尤其是分形的兴趣曲线。

图 8-12 《魔兽世界》中 BOSS 所处的空间

（13）**空洞感**（The Void）。正如亚历山大所说的，"在最有深度的核心里都有着完美的完整性，其核心空洞得如深不见底的水，周围以各种材料和结构包围着产生对比。"想想教堂或者是人的内心。当 Boss 怪物身处于一个庞大的空洞的空间时，我们能体验到这种空洞感（图 8-12）。

（14）**简洁和内心平静**（Simplicity and Inner Calm）。设计师都会无休无止地谈到让游戏变得简单的重要性——这通常是通过少数有着自发性特征的规则实现。当然，这些规则也必须平衡得很好，这样能才能让人感受到亚历山大所说的内心平静。

（15）**没有单独分离**（Not-Separateness）。这点是指某样东西是很好地和它周围的环境关联在一起的，看起来就像是它的一部分。游戏里的每条规则乃至元素都应该有着这个特点。假如游戏里的所有东西都有着这个特征，那整体的结果能让整个游戏真的充满生气。

亚历山大对建筑学的"深层基础"观点是很有用的，但同样有用的是具体地看一下虚拟建筑学中一些奇怪的特性。当我们去研究一个流行的视频游戏中的空间时，我们会发现这些空间往往是很奇怪的。它们有着大量浪费的空间，古怪和危险的建筑特性，与外部环境没有真正的联系，并且有时候各种区域还以实质上不可能的方式重叠在一起。

这些奇形怪状的建筑结构在现实世界的建筑师眼里是被视为疯狂的。因为人脑在把三维空间转化成二维空间这点上是很弱的。假如你不相信这种说法，那你想想一处熟悉的地方，一处你经常去的地方，如家里、学校，或者是工作的地方，然后尝试画一张那里的地图。大部分人都会发现这点是很难的，这完全不是我们在脑海里储存空间的方式，我们想起这些空间是以相对的方式，而不是以绝对的方式。我们清楚哪道门能进到哪个房间里，但对于没有任何门的一堵墙的背后是什么东西，我们总是不太确定的。基于这种原因，3D 空间是否有着真实的 2D 蓝图这点是并不重要的，真正重要的是当玩家身处其中时能得到什么样的感受。

当我们身处于现实空间时，对整个空间的大小的感觉就会自然产生，因为对此我们有着很多的线索可供推断——包括灯光、投影、材质、立体视觉等，还有最重要的是我们自身的临场感。但在虚拟空间中，空间的大小就并非总是那么清晰易辨了。因为现实世界中拥有的很多线索都丢失了，我们很容易会做出一个比看起来大得多或者小得多的虚拟空间。这对玩家来说是难以理解和容易迷失方向的。

从某种意义上来说，只要你世界里的所有东西都有着合适的比例，那么虚拟世界中的单位可以是英尺、米、腕尺，甚至是以草帽大小来做单位这都没关系。但当各种东西的比例大小不对时，或者你怀疑可能不对时，单位就变得非常重要了，因为你必须把这些大小不对的物件重新关联到现实世界里。基于这个原因，明智的做法是让你游戏里的单位和现实世界的测量单位密切关联，大多数人熟悉的是英尺或者米，如此能省去大量的时间且避免混乱，因为假如你的单位是英尺，那你的车就是 3D 单位的长度，你很快就能知道问题出在哪里了。

但有时候也会出现你的世界的元素比例大小是合适的，而玩家看起来却觉得比例不对的情况。导致这种问题产生的原因包括如下三种。

- **视线高度**：假如你的游戏是摄像机很高（离地超过 2 米）又或者很低（离地高度低于 1 米）的第一人称游戏，这就会扭曲了整个世界的景观了，因为人们都会认为视线高度是相似于他们自身的高度的。
- **人或者门道**：比例大小的两种很强的线索是人和门道（这里指的是设计来容纳人的门道）。如果你设定了一个巨人或者小人的世界，那玩家是会因为比例大小而混乱的；类似地，如果你在游戏里设定了太大或者太小的门道，那也是同样让人迷惑的。假如你的游戏里没有人，没有门道，也没有其他正常尺寸的人造物件，那玩家往往会对大小比例产生迷惑。
- **贴图比例**：设计游戏世界时很容易犯的错误之一是贴图比例大小不合适，例如墙上的砖块贴图太大或者地板瓷砖的纹理太小。确保你使用的纹理能匹配上现实世界中的物件的大小。

第三人称视觉造成的扭曲

在设计虚拟空间时有着另一种特殊的怪现象。我们对自身和整个世界的融合关系都发展出一种天生的感觉。当我们玩一个第三人称视频游戏时我们能看到自己的身体，我们的大脑会在这个过程中做一件让人吃惊的事：它在一定程度上会让我们同时处于两个空间里（一个身体处于游戏角色里，一个身体处于屏幕外面），与此同时还让这种奇怪的视角感觉是非常自然的。虽然在游戏里能看到玩家虚拟的身体是有益的，但在我们的比例感觉上却发生了奇怪的变化。当在开放的室外场景时，我们几乎是不会注意到这点的，而当我们控制着一个角色在一个正常尺寸的室内空间时，这个空间就会显得格外拥挤，就像我们在房间里开车一样，如图 8-13 所示。

然而奇怪的是，大多数玩家在第三人称的角色系统里没有将其看成是问题，只是觉得房间太小而已。图 8-14 所示的方法是把房间进行适当变化，让它在这种奇怪的感觉下看起来是正常的。

图 8-13　问题：房间在第三人称视角里
　　　　 显得太拥挤

图 8-14　解决方案 1：更大的房间、改变
　　　　 家具大小比例

解决方案1：放大房间和家具的大小比例。假如你放大所有墙体和家具的比例，这就能有更多可移动的空间了，但这会让你的角色感觉起来像是个小孩子，因为像凳子和沙发那样正常尺寸的物件如今坐上去都显得太大了。

解决方案2（**图8-15**）：放大房间的大小比例，但让家具保持在正常尺寸。如今你有了一个大而宽广的房间了，但家具却挤在一个孤独的小角落里。

解决方案3（**图8-16**）：放大房间的大小比例，让家具保持正常尺寸，但把家具分散开来。这样做效果好了一点——房间不再像是一个大洞穴了，但房子看起来还是很稀疏，庞大的空间和房间里的物件相比之下显得很不自然。

图8-15　解决方案2：更大的房间，正常的家具

图8-16　解决方案3：更大的房间，正常的家具分散开来

解决方案4（**图8-17**）：放大房间的大小比例，稍微放大家具的大小比例，然后把家具分散开来。这种方案是由《马克思佩恩》的设计师始创的，方案运作起来很奏效。在第一人称视角里看起来是有点奇怪的，但在第三人称视角里，它很好地解决了视点远离于身体所带来的视觉扭曲的问题。

图8-17　解决方案4：更大的房间，稍微大一点的家具分散开来

8.3　关卡设计

构建关卡的时候，有两个重要的设计元素——游戏障碍和游戏技巧。游戏障碍是指游戏中对玩家形成挑战的元素，游戏技巧是指玩家与游戏互动的能力。关卡策划需要使用图表来制定各种障碍出现的时机和玩家获取与之对应的游戏技巧或技能的地点。

游戏障碍

关卡策划用挑战包装关卡，从而延长玩家的游戏体验。利用障碍引起玩家和游戏的交互，比如一个路障，玩家需要绕过，跳过，穿过，或者炸掉等交互才能通过。障碍通常分为四种类型，前面讲的路障就是阻挡玩家前进的障碍，还有敌人和陷阱这种会对玩家造成伤害的障碍；还可以是谜题，让玩家停下来思考的障碍。组合这些障碍，就可以获得一个关卡的框架。

（1）**路障，道路障碍。**主要是减慢玩家通关的速度而不是完全阻止玩家。比如玩家需要跳过的围墙或栏杆，比如在游戏《超级马里奥》当中要跳过的沟，如图8-18所示。路障中还可以增加一些趣味和难度，比如同时加入敌人障碍，或是时间限制等。

（2）**敌人，要攻击的障碍。**这些可以对玩家造成伤害，玩家需要攻击和/或躲避，可以是角色、交通工具、动物等，根据属性、大小、移动方式、攻击方式来分类。Boss们是一类特殊的敌人，只出现在Boss关卡中，通常每个Boss有独特的造型，只出现一次并且必须被打败。敌人的类型需要根据关卡环境来制作，比如大尺寸的敌人适合视野开阔的场地（见图8-19），飞行的敌人可以让玩家保持所有方向上的注意力，独木桥很适合近战类型的敌人出现等。制作一个表格，把所有敌人类型列出来，比如"栗子""食人花""乌龟""喷火乌龟"等，然后列出一个表格，从第一关到最后一关，每一关会出现那些类型的敌人。有些敌人更适合某些场所，所以未必一定按照难度等级出现。游戏中的敌人数量有限，因此每个关卡只开发1~2种新敌人比较好，这样有所变化，但又不至于在关卡中途就见过了所有的敌人而失去对游戏的期待。

图 8-18 《超级马里奥》系列中的障碍

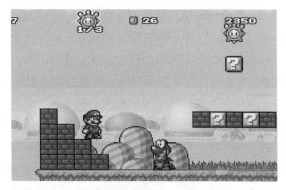

图 8-19 《超级马里奥》系列中的敌人

（3）**陷阱，需要避开的障碍。**陷阱也会对玩家造成伤害的障碍，但属于场景的一部分，如图8-20所示。可以是一排的刺，也可以是悬空的吊桥。陷阱应该有某种警告或线索，来提示玩家他们可能遇到的危险，比如带有松脱了的木板的桥梁，玩家踩上去掉下去。那么首先从外观上应该区别开来，可以加上"咯吱咯吱"的声效，还可以给玩家展示一个敌人在巡逻的时候踩上这样的一块木板掉下去的动画。陷阱还可以增加紧张感，比如一段悬空的石阶，后面不停地倒塌，玩家必须赶在脚下倒塌之前冲到对面。

（4）**谜题，必须解决的障碍。**谜题是只需通过脑力来解决的障碍，相比较于动作游戏，谜题能让人暂时从战斗中解脱出来，体验到动脑解决问题的满足感，如图8-21所示。但并不是所有游戏都适合谜题的，比如射击游戏，玩家希望得到快速，精准的满足感，这时候谜题会降低游戏节奏。通常多人射击、竞速、策略类游戏不需要谜题，冒险类游戏则可能需要加入一些。大部分谜题的基础都是锁和钥匙，即在一个地方获得一个东西/完成一件事，打开下一个剧情。

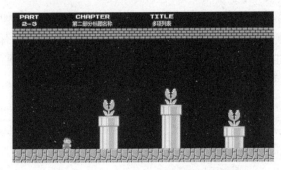

图 8-20 《超级马里奥》系列中的陷阱

图 8-21 《超级马里奥》系列中的谜题

游戏技巧

　　游戏关卡给玩家带来的是障碍，玩家需要通过障碍，有时候就需要技能，这里的技能是指游戏角色拥有的能力，而非玩家的熟练程度，因为只有前者是可以设计的。技能是玩家与关卡交互的方式，可以是简单的移动，跳跃，攀爬。也可以是攻击，在第一人称射击游戏当中，武器也可以被视为技能的一种变体。不同的武器拥有不同的参数和效果。随着游戏进行，玩家也会期望获得更多的技能，以及组合技能，从技能展开角度，可以分为三个阶段：①基础技能；②新技能；③组合技能。和敌人图表一样，可以绘制一个技能图表，展开各种技能出现的时间，以及各个关卡需要用到的技能。

　　（1）**基础技能**。基础技能是玩家交互的基础，在游戏开始时，玩家最早接触这一批技能。通常会有一个训练关卡来教玩家使用哪些技能。关卡时间很短，有一些简单的挑战，比如跳个坑，爬个梯子之类的。训练关卡的设计重点是在短时间内教会玩家操作（而不是剧情）同时还得和其他关卡联系起来。教学的方法通常用一个画外音或者弹出的文本来告诉玩家，也可以让 NPC 角色教玩家技能。基础技能应该是使用相对简单的，玩家应该只需要按下一个按钮或键就可以使用，尤其是比如射击游戏那种快节奏的游戏，通常没有时间做出更多的反应。此外基础技能和高级技能，有时候更多的是通过威力而不是现实中技能的难度来区分。另外，同类游戏中，玩家会期望有相同的技能。

　　（2）**新技能**。随着游戏进展，玩家获得新的技能或武器、道具、魔法等。和基础技能不一样，新技能通常是一个一个出现的，因此并不需要再设计一个训练关卡，但为了确保玩家掌握了新技能，最好设置一个玩家必须要用新技能才能通过的障碍。比如《口袋妖怪》中一块大石头拦路，需要你用岩系的小精灵的碎石技。此外，还有类似《暗黑破坏神》（图 8-22）中技能树的设计，玩家并不是到了一个特定的地点获得新技能，而是随着获得经验升级，用技能点数自己选择他们的成长方式。同时避免设计出"优势技能"，即一招打遍天下，容易使玩家快速通关而无聊。

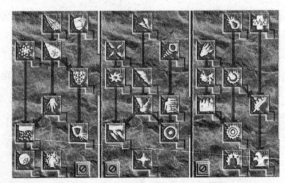

图 8-22 《暗黑破坏神》中的技能树

　　（3）**组合技能**。游戏中大部分技能最好能组合使用，这样玩家不需要反复学习新技能却能体验到新鲜感。组合技能可以是多个不一样的技能组合，比如"跳跃＋踢击＝腾空踢"，也可以是一个技能连续地使用，比如"连续跳"。玩家需要在使用组合技之前，充分了解分解技能的用法。此外，在设计比如"跳跃"过坑的场景时，测量"助跑＋跳跃"的极限值，然后根据需要的难度调整坑的宽度。但是注意，如果设计的坑宽度大于助跑跳的极限值的时候，需要告诉玩家这个坑和其他坑不一样，可以在边缘加点碎石效果或者故意再拉远一点距离。

关卡类型

　　游戏中的障碍和技能的载体就是关卡，关卡设计当中主要有4类关卡，如图8-23所示：①标准关卡；②枢纽关卡；③Boss关卡；④奖励关卡。

图 8-23　关卡的类型

　　（1）**标准关卡**。标准关卡是游戏当中的基础关卡，决定了整个游戏的玩法，也是核心体验来源，游戏中90%的关卡都应是标准关卡，这也是关卡设计师最优先设计的部分。

　　（2）**枢纽关卡**。与其说是关卡，不如说是区域，连接所有其他关卡的区域，枢纽区域是玩家歇脚的地方，在一个有大量格斗的游戏中，这个区域可以作为安全区，不会有敌人或者不会有攻击玩家的东西。在游戏《暗黑破坏神3》里（图8-24），这个区域还是一个交易、储存装备、接任务、传送门的存在。设计枢纽区域，你可以先决定游戏中有哪些是使用最频繁的元素，然后在枢纽区域安排他们的位置。

图 8-24　《暗黑破坏神3》

　　（3）**Boss 关卡**。Boss 关卡会有 Boss，一个游戏可以有多个 Boss 关卡，每个 Boss 关卡都是阶段性或者整个游戏的高潮，因此 Boss 关卡很特别。主要体现在，敌人更具挑战性，而且通常有特殊能力来限制玩家的动作。和标准关卡不同，Boss 关卡通常并没有很大的场景，而是围绕着 Boss 的攻击方式和被击败的方式来设计关卡。图8-25所示为《暗黑破坏神3》中的 Boss 关卡。

　　（4）**奖励关卡**。奖励关卡是策划对玩家的一种奖励，可以是当玩家收集完某张藏宝

图 8-25　《暗黑破坏神3》

图之后进入（让玩家搜索每一寸地图）;也可以是一个彩蛋（比如给某一个乞丐NPC连续施舍8次）。

奖励关卡通常很短，有时候还需要在有限时间内完成，奖励通常非常丰厚，比如一件可以让接下来游戏更轻松的装备。但不通过这些关卡也不会影响剧情。

关卡在电子游戏中有多重定义，有时叫作"回合""波""关""幕和章""地图"或者"世界"，它们都有自己独特的含义。

- **回合**：在游戏中总是要一遍又一遍地重复同样的行为或者相似的玩法。
- **波**：通常指战斗，整个游戏可以完全由一波波的敌人构成。
- **关**：一般可与"波"通用，不过"关"更常用，通常指 Boss 的行为。
- **幕和章**：通常是开发者希望玩家更专于游戏的剧情时用到。
- **地图**：通常游戏的场景，在第一人称射击游戏中很常见，因为玩家会把地理位置和某种风格或特定玩法联系起来。
- **世界**：一种游戏场景，主要由其视觉风格或者题材加以区分。

关卡设计师所做的是把建筑、物件和游戏中的各种挑战以有趣和有意思的方式排布，换句话说是确保游戏有着程度合适的挑战、适量的奖励和有意义的选择，以及其他促成一个好游戏的元素。关卡设计就像是游戏设计的细化执行，这个工作并不容易，因为恶魔总是存在于细节之中。关卡设计对每个游戏来说都是不同的，但假如你在设计关卡时利用你所了解的所有游戏设计的手段，通过多个方法去仔细地检视它，那最棒的关卡设定会慢慢变得清晰起来。

关卡设计师应小心创造显性叙事内容，因为这正是组成我们"圈圈"的要素，而隐性、突发性内容才是创造"空隙"，是令关卡与众不同的最重要元素。使用"环境提示"将故事融入游戏世界，并以"隐性"故事激发玩家的想象，让玩家通过玩法的选择，包括使用哪种武器、走哪条路，用什么方法解决问题等选择来创造"突发性故事"图 8-26 所示为游戏《终极刺客》的"环境提示"。这些元素允许玩家以自己的行动和想象来填补"空隙"，这总比将一切东西都端到玩家面前更有乐趣。

图 8-26 《终极刺客》的"环境提示"

优秀关卡设计会告诉玩家该做什么，而不是如何去做。通过选择机制赋予玩家自述故事的权力，玩家就不会对自己的目标茫然不知。开发者可以通过简单、显性、文本式的目标，正确使用路标以及其他助航设备来明确游戏目标；关卡目标要具有视觉上的独特性，可以使用地理位置、形式、照明和动画令其区别于周围环境。

有了导航性玩法，以及更开放性的目标，关卡就会更有趣味。可以通过迷惑玩家完成一个目标来创造富有吸引力的挑战——只要实际目标足够明显。

针对"如何实现"这个方面，不应该强迫玩家使用单一的技能来解决一个目标，他们要如何完成挑战应该取决于其自身想法，也不应该惩罚玩家即兴发挥，使用不同于设计师精心创造的解决方案。这是优秀的突发性叙事所需具备的另一要素。

游戏《天际》中的黑暗兄弟会任务并没有指明你如何杀死目标人物，只是告诉你必须杀死他们。游戏还提供额外的奖励目标，允许玩家设置自己的挑战难度。

优秀关卡设计的几个特征:

优秀关卡设计总会让玩家获得新知识。 拉斐尔·科斯特（Raph Koster）在《趣味理论》一书中说明了人类大脑是如何根据周围环境来处理信息，并将其转化成更易于处理的信息模式。从玩游戏角度来看，这说明人们很大一部分乐趣来自学习知识，从而连续掌握不同的机制。科斯特提醒我们，如果玩家理解了这种模式，很容易就掌握了游戏机制，他们很快就会厌烦并退出游戏。只有优秀的关卡设计才可能避免这种情况。

《塞尔达传说》（图 8-27）——该系列每款游戏中的地下城都是一个新装备的教程。游戏的最后一个 boss 战役会要求玩家用上他的每个装备来战胜敌人。

优秀的关卡应该引进新游戏机制。 或者调整旧机制令玩家重新评估自己已经掌握的技能。游戏应该让玩家在整个游戏中持续评估自己所学到的技能，确保每个关卡都能呈现新鲜玩法。托德·霍华德(Todd Howard)在戴斯（DICE）2012 演讲中就以"学习→玩→挑战→意外"这一循环来衡量《天际》关卡设计。

图 8-27 《塞尔达传说》关卡设计

优秀关卡设计应该令人意外。 已有许多文章探讨过如何使用经典的博弈论方法来衡量游戏。标准的高与低强度，探索与战斗，休息与行动等"过山车"曲线是一种评估关卡设计的优秀基准，也是保持玩家黏性的重要工具，但其持续重复性会使游戏过程迅速成为一种例行公事。对于交互式媒体来说，我们还有更合适的衡量技巧，但即使是设计很到位的关卡，如果没有一些意外的起伏，也难以给人留下深刻的印象。

这里的意外不一定是很大的震撼或情节转折，其核心在于急剧上升的不确定性，用游戏设计大师亚历克斯·曼德里卡（Alex Mandryka）的话来说，它就是趣味的根本。从关卡设计上来说，意外可以是独特的环境，可以是传授玩家新机制的时刻，将山穷水尽转变为柳暗花明，或者难度曲线中的急剧变化。

在《死亡空间 2》（图 8-28）中，当艾萨克（Isaac）返回在《死亡空间 2》中的石村号（Ishimura）时，他在 15 分钟内不会碰到另一个丧尸。这种节奏变化创造了一种极端紧张感……令人意外的是，这种设计产生了一个开心的结果：这个关卡中的怪物太大了，无法置于原版游戏石村号布局中的任何地方，所以关卡设计师只能将其放置到玩家到达传输中心时……而此时玩家才走完了一半的关卡!

图 8-28 《死亡空间 2》关卡设计

关卡设计师不应该畏惧自己的设计风险，不要复制自己最喜欢的游戏中的关卡。只有尝试非常规的东西才能创造真正出人意料的体验。这其中的秘密就在于如何管理这些风险——在纸上设计，脑海中想象最终成品，并尽早创造可玩原型。尽早检验自己想法的可行性，否则就只能在测试阶段眼睁睁地看着它们被淘汰。

优秀的关卡设计使玩家觉得自己强大。电子游戏是逃避现实的天堂，应该是纯粹而简单的。玩家会愿意逃到一个比他们生存的世界更加世俗的地方吗？关卡设计师不应该要求玩家做他们在现实生活中就能做的事——你的任务目标应该是避开平庸的、重复的活动，总是给玩家有趣的、好玩的活动。这听起来似乎很简单，但甚至最优秀的游戏开发者有时候也会忘记这条最基本的原则。图 8-29 所示为游戏《红色派系：游击战》的关卡设计。

为了让玩家真正觉得自己强大，他们的行为必须在游戏世界中有显著的效果。在低级的、直接的水平上，这可以是与游戏世界中的物品的交互活动（或更通常是推毁物品）。但如果这样还不能使玩家立即获得破坏的满足感，你可以把你的关卡做成脚本，以其他方式反映玩家的影响，像《恶名昭彰》（*Infamous*）中的帝国城和新玛莱（New Marais）的市民。

《恶名昭彰》：因果系统被完整地结合到开放世界的关卡设计中，玩家被迫在分散的副线任务中做出道德选择（分散炸弹和拯救市民，或者引爆炸弹获得能量），平民会朝你的敌人或者你扔石头，这取决于你的游戏风格。图 8-30 所示为游戏《恶名昭彰》的关卡设计。

图 8-29 《红色派系：游击战》关卡设计　　　　图 8-30 《恶名昭彰》

对于《荣誉勋章：英雄 2》，制作者希望使次要目标不只是隐藏的纳粹卷宗的消费清单，所以制作者制作了副线任务，让玩家可以拯救同盟军队、困在遍布于关卡中的某些地点。这些军队一旦获救，就会与玩家并肩作战，使玩家觉得这是自己的行为的直接结果，是对自己的行为的奖励。

优秀的关卡设计允许玩家控制难度。游戏的难度是最难控制的部分之一。容易、中等和困难的设置虽然是一种标准方法，但当玩家还没玩过第一关所以不知道自己的水平能达到什么程度时，就叫他们决定自己要玩什么难度的，仍然会让玩家觉得不知所措。

一个系统的解决方法是动态难度，也就是让敌人随着玩家经验更变得更加强大（掉落物品也更加珍贵），例如《辐射》《天际》等。

然而，这种方法并不总是管用的，所以设计良好的关卡必须允许玩家自己管理难度，即灵活地使用风险和奖励。完成关卡或任务的基本路径必须让一般水平的玩家觉得节奏合适、挑战适中（有一定的惊喜），但还要有一些针对技术水平高的玩家准备的路径（或针对新手的选择）。无论何时玩家必须做出路径选择时，都应该明确地使用关卡语言让玩家知晓风险和奖励，确保玩家是在知情的情况下做出决定。

《火爆狂飙》（*Burnout Paradise*，图 8-31）：高水平的玩家可以冒险走捷径，即图中被黄色障碍挡住的路。捷径的难点在于路径狭窄，从游戏镜头看，奖励可能不太明显，也就是节省时间和爽快感。

图 8-31 《火爆狂飙》

这个原则在赛车游戏中表现得很明显，但同样适用于其他类型的游戏，如射击游戏或 RPG；在后者中，这些高风险 / 奖励的元素可能表现为放在难以接近（但容易看到的）的位置的强力武器，或有背对着玩家的守卫的旁路（擅长潜行的玩家可以偷溜过去）。这些捷径也可能表现为谜题，需要玩家多费一些脑筋才能想到，甚至可以插入可选择的、次级目标，从而增加游戏的重玩价值。

优秀的关卡设计是高效的。 游戏可利用的资源是有限的，无论是硬件限制（如系统内存）还是产品实际情况（如艺品容量）。最大化那些资源的使用，通过良好的设计最大化资源效率是设计师的职责。在关卡设计中，这意味着当你要使用一种动物时，不仅要把它从头到尾做出来，而且要做得快，做出来后还能重复利用。模块设计是你的朋友——聪明的设计师不会设计关卡，而是设计一系列模块，然后把它们组装在一起形成一个又一个的关卡。

只要对这些模块稍加修改，你就可以制作出无数的变体，从而用更少的工作量和冒更小的风险做出更多关卡。利用这种技术制作关卡，一方面可以使玩家觉得关卡熟悉，有助于他们学习和精通你的机制，另一方面又不会觉得关卡毫无新意，而是仍然具有挑战性和惊喜的。

有空可以玩一玩 Bethesda 游戏工作室的《辐射》，你会惊讶于：他们怎么能够做出这么出色的内容——这都是模块化的功劳。这种高程度的模块化可能不一定适用于所有游戏，但在不同程度上可以运用于所有游戏。美工团队会花大量时间修饰关卡，虽然大部分时候玩家对这些美丽的场景只是走马观花。重复使用关卡的区域不仅能节省资金成本，而且减少了必须记忆的关卡几何的数量。有些关卡空间是需要重复经过的，设计师必须确保这些空间是可以双向通行的，最好能进行一定的修改，使玩家第二次经过相同的空间时仍然有一些新鲜感。

图 8-32 《光晕 3》

游戏《光晕 3》（*Halo-3*）：如图 8-32 所示，在这个关卡中，Master Chief 要穿越一片大沙漠，之后还要返回来！但是，制作团队给 Master Chief 一个超级坦克，使返程的旅程别有趣味。

优秀的设计师应该充分利用关卡的点点滴滴，提供需要探索才能完成的隐藏目标，例如《光晕3》中的 Skull、《战争机器》中的 COG 标签和《刺客信条》中的羽毛……利用这些东西 可以在不增加额外的关卡制作量的情况下，延长游戏时间。

这些可收集的元素，与前面提到的风险 / 奖励路径和次级目标一样，都有助于增加游戏的重玩价值，产生更高的效率。但明确玩家完成这些目标有长期的动机，各种不同的游戏体验或明显的奖励（新的增益道具、武器等）。最好的是，把动机整合到游戏剧情中，让他们体验到情境，像《铁臂阿童木》一样。

游戏《铁臂阿童木》（图 8-33）：这款 GBA 游戏是如何增加重玩价值的经典例子。第一次通关游戏后，玩家对结局并不会太满意，但玩家可以使用自己收集到的所有道具进入旧关卡中的新区域，解锁更多关卡和道具，最后获得真正理想的结局。

优秀的关卡设计会调动情绪。2011 年美国最高法院正式宣布电子游戏属于艺术，使它们"成为一种美丽的、有吸引力的或超越一般意义的产品或表达，基于美学原则"。

图 8-33 《铁臂阿童木》

但这是对游戏艺术属性的实用主义分析。从主观的角度看，艺术是为了刺激情绪反映的东西：绘画、雕塑、摄影、音乐、电影……都是为了鼓励它们的受众产生某种情绪性反应而被制作出来的，对于电子游戏，更是如此。

最适合用于类比关卡设计的经典艺术形式，也许就是建筑了。多少个世纪以来，建筑师一直在玩转人们的情绪。例如，建筑师会根据他们想激发观者的什么情绪来确定窗户的高度 ——窗户低于人的膝盖会让人觉得强大；高于人的肩膀会让人觉得压迫和禁闭。

建筑师已经把马斯洛的需求层次理论（如果要直接运用于关卡设计，那就太抽象了）改编成一系列非常实用的建筑学原理，帮助设计师制作情绪性空间。这些理论，结合传统的空间指标，可以用于在关卡中制造我所谓的"空间共感"，《古墓丽影》（图 8-34）正是巧妙地运用了这个原理。

游戏《古墓丽影》（Tomb Raider）：在她的最新冒险中，Lara Croft 穿过狭窄、封闭的洞穴、植物蔓生的原始丛林、令人头晕目眩的山崖，各个空间都是精心挑选的，旨在引发玩家的不同情绪反应。

图 8-34 《古墓丽影》

事实上，玩家对关卡的情绪反应确实极为重要，所以在一开始设计关卡时就应该考虑到。为此，你要挑选可以使玩家产生你所期望的情绪的空间指标、剧情元素和游戏机制。想产生困扰的感觉？让敌人 AI 追赶玩家。想产生愉快的感觉？让玩家在开阔的路上奔跑。想产生绝望的感觉？让玩家在有限的时间内解决几乎不可克服的困难，所有这些因素都可用于引发玩家的情绪性反应。

游戏《英雄连 2》(*Defualtcam Church*)：在这个任务的最后一幕中（图 8-35），玩家的小队被迫返回教堂。玩家陷入困境，必须抵挡纳粹直到援兵到达。怎么知道坚持到什么时候？计时器？不是。纳粹的剩余数量？不是，敌人是杀不绝的——是玩家小队的生命值，只有当玩家快丧命时，援兵才会出现。也许有些不公平，但这个玩法有效地使玩家在面对无尽的敌人时产生绝望感。且当最终获救时，放松的感觉也更加强烈！

图 8-35 《英雄连 2》

优秀的关卡是由游戏的机制驱动的。"书籍让你想象非凡的东西，电影让你看到非凡的东西。那么电子游戏呢？电子游戏让你做非凡的事情。"

最重要的是，优秀的关卡设计是由互动作用——游戏的机制驱动的。游戏关卡不只是为机制提供情境，还提供它们存在的现实。

我们喜欢把游戏关卡描述为"传递玩法所借助的元物理介质"。这听起来有些不自然，但它的真正意思是，你的关卡应该是一个传递玩法的系统，其主要功能是利用你的机制来产生有趣的体验。拓扑学、建筑、目标、迭代、战斗情境等，都应该首先服务于突出你所有精华的玩法系统。为此，必须先全面地理解游戏的机制，再开始设计关卡。同时设计系统与关卡是不可能的，但你至少应该对正在制作的系统有一个大概的了解（并且相信它们会制作完成，这样你就不会觉得自己正在为一个海市蜃楼去浪费时间）。在这种情况下，好处是如果你有一个不错的关卡想法，你可以寻找必要的玩法系统来支持它。

游戏《杀出重围 3：人类革命》(*Deus Ex Human Revolution*，图 8-36)：游戏的副线任务旨在突出特殊的机制：在一个任务中，玩家必须把不省人事的人拖到悬崖边，把刺杀伪造成自杀。

图 8-36 《杀出重围 3：人类革命》

当我们谈论系统时，游戏的 AI 是经常被忽略的东西，却时时造成数不尽的问题。关卡设计师的大量时间是用于折腾 AI。好好培养与 AI 团队的关系，这样你才能了解他们已经计划了什么特征、他们才能知道你面临什么问题。如果你跟他们打好交道，他们可能甚至会为你的设计制作专门的 AI 行为。

游戏《蝙蝠侠：阿甘之城》(*Batman：Arkham City*，图 8-37)：这个开放世界中到处是谜题，鼓励玩家寻找新方式使用自己的装备。这产生了非常高的设计效率，使玩家觉得自己是游戏世界中最了不起的侦探，而不是只

图 8-37 《蝙蝠侠：阿甘之城》

会揍人的打手。

交互性是使电子游戏有别于其他娱乐媒体的东西。书籍有故事，电影有画面、游戏有互动。如果你的关卡设计不能显示你的游戏机制，那么玩你的游戏还不如看电影或看书。

综上，总结以下 10 条关卡设计原则。

（1）**有趣**：用清楚的视觉语言引导玩家通过主要路径，通过垂直空间、次要路径、隐藏区域和迷宫元素等增加关卡的趣味。

（2）**不依赖文字来叙述故事**：除了由故事和目标唤起的明确剧情，优秀的关卡设计会通过环境表达剧情，让玩家通过玩法选项产生自己的剧情。

（3）**告诉玩家要做什么，而不是怎么做**：确保任务目标是明确的，但让玩家以自己喜欢的、可行的方式和任意顺序来完成它们。

（4）**不断给予玩家新鲜感**：通过在游戏过程中不断引入新机制，保持玩家的沉浸感；通过修改或以其他方式重新使用，来防止旧机制变得乏味。

（5）**惊喜**：线性节奏并不总是适合互动媒体，但所有的关卡都使用标准的"过山车"模式也是不行的。为了创造新鲜的体验，优秀的关卡设计可以在节奏、美学、地点和其他元素上冒险。

（6）**使玩家觉得自己强大**：电子游戏是逃避现实的场所，所以应该避开世俗。另外，优秀的关卡设计通过让玩家体验自己的行为的结果，使玩家觉得自己是强大的。

（7）**允许玩家控制难度**：一般水平的玩家可以通过主要路径完成任务，高水平的玩家可以通过高风险 / 奖励的路径获得满足感。

（8）**高效的**：资源是有限的。优秀的关卡设计通过模块、双向玩法和充分利用游戏空间最大化游戏的重玩价值。

（9）**刺激情绪**：为了刺激玩家产生目标情绪，要选择合适的机制、空间指标和剧情元素。

（10）**由游戏的机制驱动**：最重要的是，通过关卡体现游戏的机制，突出电子游戏的独特属性——交互性。

8.4 游戏空间的美感

美感是游戏元素的四元组里的第三个象限。一些游戏设计师很轻视游戏中美感方面的考虑，把它们称之为"表面上的细节"，认为美感对他们觉得重要的游戏机制毫无帮助。但我们必须谨记一点：我们不是光设计游戏机制的，而是设计整个游戏的体验，而美感方面的考虑是促使体验变得更愉快的重要部分。

优秀的美术资源能为游戏带来以下奇妙的助力。

- 它能吸引玩家去到游戏中可能会忽视了的地方。
- 它能让整个游戏世界感觉更可靠、真实和壮丽，这能让玩家更看重游戏，并进一步提升游戏的内生价值。
- 美感带来的快乐是很大的。如果你的游戏充满了美好的视觉元素，那玩家看到的每一样新的东西都能成为一种奖励。
- 正如世人往往会忽略掉美女帅哥身上的性格缺陷那样，假如你的游戏有着一张美丽的皮肤，玩家也往往愿意容忍你设计上出现的各种瑕疵。

事实上你已经拥有了很多可以用来提升游戏中美感的工具了。但你还可以利用其他的方法来以一种全新的方式去改良和融入你的美感元素。

空间要素主要包括物质要素：景观、建筑、道具、人物、装饰等；效果要素：外观、颜色、光源等；利用景深加强场景可以有效地扩大场景的空间感；利用光影塑造距离和深度感；利用引力感可以产生不同的空间效果。

游戏场景的制作在整部游戏作品中起着十分重要的作用。如图 8-38 所示，优秀的动漫游戏作品应该是内容与形式的完美结合。造型形式，特别是场景的造型形式，是体现游戏动漫整体形式风格、艺术追求的重要因素。场景的造型形式直接体现出游戏的空间结构、色彩搭配、绘画风格，设计者需要探求游戏整体与局部、局部与局部之间的关系，形成游戏造型形式的基本风格。所以说，游戏场景设计不仅仅是绘景，更是一门为展现故事情节、完成戏剧冲突、刻画人物性格服务的时空造型艺术，制作好坏是一部游戏作品成功与否的关键。

图 8-38 《剑灵》游戏场景

色感和光影剖析

丰富的色彩是受温度和光照影响产生的，游戏原画并不考虑环境温度，并且采用的是全身受光，因此不具备丰富色彩和光影诞生的条件。首先说色彩的问题：我们在进行传统绘画时，画面总会有一个特定的环境条件，比如寒冷的冬夜，温暖的黄昏，以及更加细微的温度环境，所以我们的画面会有一个整体的偏暖色调或偏冷色调，比如暖色调亮部会偏红黄橙，暗部会偏蓝绿紫。

概念设计图和美术宣传图对于光感色感的需求非常多元化。所以在不同美术风格需求下，需要对光感色感的表达也不同。就美术宣传插画而言应该增加画面表达气氛，需要使用复杂的光源来塑造画面，也需要加入各种色温表达，如图 8-39 所示。复杂的光源来塑造角色的体积、服装、材质、质感。冷热光源更好地烘托气氛。

图 8-39 《GTA5》中的光影场景

焦点的提高

视觉焦点应善用操纵光，使画面大部分都处于同样的光亮之下，然后用更强的光线去突出你想让观察者注意到的地方。当然，你也可以选择在笔触或颜色上面做文章，突出你的画面重点，其余部分则可以处置得稍微模糊一点。

图 8-40 《魔兽世界》中的光影效果

光影效果

有趣的光影图案可以帮助你的画变得更有"幻想"范儿。如图 8-40 所示，一般最常用的光影组合是柔和光线为主与亮眼的背景光。如果光源有互补色的话，这个组合的效果会更为突出，但过度使用的话会让整体画面显得非常平庸俗气。

细节的体现

当人们观察一幅画的时候，他们是分门别类地组织视觉元素，并根据这些元素之间的距离组合而成更大、更具体的形象的。视觉感知格式塔理论派生而出的一系列规则都是以此为前提的。观察者会"自动补充"一幅画除了细节之外的部分，所以，不必执着于打磨每一处细节或者担心边缘是否完美。

丰富的背景

对于游戏的制作来说，重点当然是角色本身，但是背景设置以及其他细节部分也可以为观察者带来一个全新的认知。比如，你可以通过设置不同的背景、社交状态来暗示不同角色的身份，甚至通过角色身边摆放的物件来暗示角色的职业。

举个例子，想要表现角色的博才多学，背景设置就可以采用大量书籍和卷轴；想要表现角色是个勇士，背景音乐不妨加点暴风雨来袭的声音；想要表现女巫角色，你不必给她穿上巫师特有的服装，只要在她旁边装饰一些炼金术用具和其他一看就很古老很神秘的东西就可以。

服装设计

游戏美术设计工作过程中遇到的最大挑战就是为角色设计新的服装、武器和配饰。为此长期关注大量时尚类、历史类、文化类的网站，需要设计素材的时候有趣的服装或武器设计就会从你的收藏中转移到你的灵感当中。图 8-41 所示为游戏《剑网 3》中的服装。

图 8-41 《剑网 3》中的服装

通常来说，场景通过复杂互动的场景空间强调悬念感，可以很容易地创造出危机感和神秘感。在场景的设计制作上，应将场景处理的尽量丰富些、多变些、信息量大些，使观众不会感到不真实，太单调。当然也不会因为太多的琐碎的细节而分散玩家注意力，手绘风格的贴图可以让概念艺术家在设计的时候夸张一些细节，比如裂纹，从而最大程度地丰富比较"空旷"的战斗区域。由于游戏场景制作手段多元化，使用数字造型动画软件可以较方便地创造出超现实、幻想的内容。在场景设计方面有效的配合魔幻的效果，可以营造神秘感。但是任何的艺术创作都需要把握尺度，丰富多变的场景空间，并不是要求创作者一味地追求复杂，过于复杂也会造成烦琐眩目的效果。在视角构建与透视方面，你要画一些不寻常的角度，你的平时的观察经验也许并不足以帮到你，这个时候就需要一些精确的透视计算。

创造空间来说，当一个大概的空间已经在画面中形成了，但是还需要在接下来的过程中不断去完善这个空间，使其变得更加可信。最恰当的动漫游戏场景设计就是在丰富的场景空间中，能最快地、最准确地传达出信息、突出主题、使参与者在丰富生动的视觉效果中，沉浸其中、娱乐其中、更好的互动及获得游戏体验。

思考与练习

　　围绕游戏空间设计的目的去搭建虚拟的空间，并设计游戏关卡，强化游戏空间的美感。让我们一起进行以下深入的思考与练习：

　　1. 空间与情感体验的结合

　　选择一个游戏场景，描述这个空间如何通过色彩、光照和形态赋予玩家特定的情感体验，思考什么样的空间设计元素最能影响玩家的情感，如何在设计中确保空间和情感体验的一致性。

　　2. 虚拟空间的感知与设计

　　设计一个游戏场景，考虑如何使用虚拟空间的视觉元素去影响玩家的空间感知和沉浸感。思考虚拟空间中哪些设计元素最容易引发玩家的迷失感，如何增强玩家的沉浸感。

　　3. 关卡的障碍与技能设计

　　为一个特定类型的游戏设计三个不同的关卡障碍，并描述玩家需要如何使用他们的技能来克服这些障碍。思考如何通过关卡障碍设计来提升游戏的挑战性和趣味性，玩家技能的获取和使用如何影响关卡的设计。

　　4. 空间引导和事件引发

　　设计一个游戏场景，详细描述一个能引导玩家移动并触发事件的位置布局。思考空间设计如何影响玩家的移动路径和游戏进程，如何利用空间布局提升游戏的节奏感。

　　5. 美感与空间设计

　　选择一个游戏或动漫场景，分析其空间美感，包括色彩搭配、光影效果以及背景细节，并探讨这些元素如何增强游戏的整体体验。思考美感元素如何提升玩家的视觉体验和感知层次。

　　通过这些练习，你将更好地理解如何利用空间设计来增强游戏体验，创造既富有美感又能引发深刻情感的游戏世界。

第 9 章
人机界面设计

9.1 输入与输出

输入输出设备（I/O 设备），是数据处理系统的关键外部设备之一，可以和计算机本体进行交互使用。如键盘、写字板、麦克风、音响、显示器等。输入输出设备起到人与机器之间进行联系的作用。

输入设备是向计算机输入数据和信息的设备，是计算机与用户或其他设备通信的桥梁，是用户和计算机系统之间进行信息交换的主要装置之一。输入设备的任务是把数据、指令及某些标志信息等输送到计算机中去。键盘、鼠标、摄像头、扫描仪、光笔、手写输入板、游戏杆、语音输入装置等都属于输入设备，是人或外部与计算机进行交互的一种装置，用于把原始数据和处理这些数据的程序输入到计算机中。

计算机能够接收各种各样的数据，既可以是数值型的数据，也可以是各种非数值型的数据，如图形、图像、声音等都可以通过不同类型的输入设备输入到计算机中，进行存储、处理和输出。计算机的输入设备按功能可分为下列 5 类。

- 字符输入设备：键盘。
- 光学阅读设备：光学标记阅读机、光学字符阅读机。
- 图形输入设备：鼠标器、操纵杆、光笔。
- 图像输入设备：数码相机、扫描仪、传真机。
- 模拟输入设备：语言模数转换识别系统。

输出设备是把计算或处理的结果或中间结果以人能识别的各种形式，如数字、符号、字母等表示出来，因此输入输出设备起到人与机器之间进行联系的作用。常见的有显示器、打印机、绘图仪、影像输出系统、语音输出系统、磁记录设备等。

显示器是计算机必不可少的一种图文输出设备，它的作用是将数字信号转换为光信号，使文字与图形在屏幕上显示出来；打印机也是 PC 机上的一种主要输出设备，它把程序、数据、字符图形打印在纸上。

控制台打字机、光笔、显示器等既可作输入设备、也可作输出设备。

输入输出设备（I/O）起着人和计算机、设备和计算机、计算机和计算机之间的联系作用。

9.2 人机交互（HCI）三大原则

人机交互（Human-Computer Interaction，简写 HCI）：是指人与计算机之间使用某种对话语言，以一定的交互方式，为完成确定任务的人与计算机之间的信息交换过程。在计算机发展历史上，人们很少注意计算机的易用性。现在，很多计算机用户抱怨计算机制造商在如何使其产品"用户友好"这方面没有投入足够的精力。而反过来，这些计算机系统开发商也在抱怨，他们的理由是：设计和制造计算机是一个很复杂的工作，光是研究如何在新领域能够应用计算机的问题就已经占用了他们的大部分精力，实在是没有多余的精力来研究如何提高计算机的易用性。

HCI 的一个重要问题是：不同的计算机用户具有不同的使用风格——他们的教育背景不同、理解方式不同、学习方法以及具备技能都不相同，比如，一个左撇子和普通人的使用习惯就完全不同。另外，还要考虑文化和民族的因素。其次，研究和设计人机交互需要考虑的是用户界面技术变化迅速，提供的新的交互技术可能不适用于以前的研究。当用户逐渐掌握了新的界面时，他们可能会提出新的要求。

HCI 的主要目标是提供优秀的用户体验，使用户能够方便、愉悦地使用计算机系统。HCI 在游戏中非常重要，因为游戏是与玩家和电脑互动的。理解并善用人机交互原则，将有助于设计和开发出游戏玩家容易使用的游戏和情感体验。

如图 9-1 所示，HCI 的三个主要原则是易用性、有用性和情感性。易用性必须易于使用（玩），并且主导应该适合原始目的（一般游戏是有趣的，功能游戏是有用的功能和乐趣），情感意味着打动心灵，打开心灵。

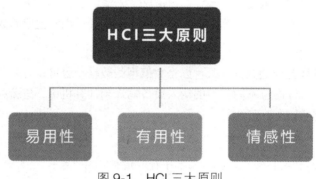

图 9-1　HCI 三大原则

根据游戏的特点和目标受众的不同，每个原则的权重也是不同的。例如，如果你是一个老年人或者不熟悉电脑的初学者，你应该把易用性作为最重要的考虑因素。另一方面，如果游戏的目的是为了安全教育或公共利益，那么传达预期比例和提高教育效果就显得非常重要。如果是反映时尚 /音乐等年轻潮流的游戏，那么拉动人心的情绪是最重要的因素。因此，HCI 的三大原则可以根据游戏的特点适当调整重要性来解决，从而可以对原有目的进行适当的规划和开发。

9.3　及时反馈

游戏能吸引到大量玩家的主要原因是什么？主要是游戏中的通过人机交互让玩家很爽，那其实可以这样去理解，游戏带给玩家的刺激感实际上是一种反馈。玩家在操控游戏中的任务或物品时，得到的画面、声音和触觉上的反馈，大致可以分为以下两种。

控制反馈：玩家发出指令后角色或物品需要一定的时间做出反应，符合物理规律，玩家才会觉得角色或物品是自己在控制。

打击反馈：对人物或物品施加交互所获得的适当反馈。

控制反馈

玩家经过感觉输入、认知处理、肌肉输出、电脑控制器接到输入，经过处理器处理，最后通过显示输出完成一个单循环。信息处理的一个单循环，需要 240ms 的时间，如图 9-2 所示。

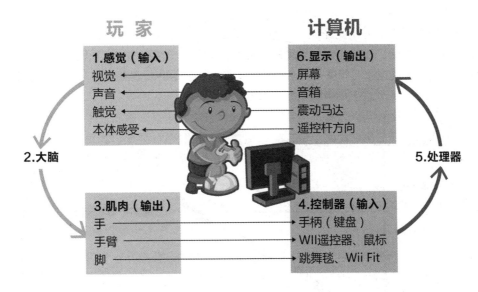

图 9-2　信息处理的循环

根据纽厄尔提出的人类加工模型（Model Human Processor），计算机的输出需要考虑：

（1）运动印象：屏幕上的显示帧率必须大于 10 帧每秒，才能维持运动的印象。当帧率处于 20～30fps，运动的形象会更好更流畅。

（2）即时响应：在交互过程中，如何让玩家感受到持续感？计算机处理时间须小于玩家的修正循环时间。当这个时间在 50ms 时，人会觉得响应是瞬间发生的。当超过 100ms 时，会有延迟的感觉。

（3）连续相应：计算机在交互过程中的循环时间需要保持在恒定的 100ms 以内。这样操作反馈才是流畅的。

单循环

随着人类科技水平的迅速发展，硬件技术越来越能满足人类的需求，计算机可以做到同步即时反应，但是人类的感知系统决定我们的游戏中反馈系统需要一定的"延迟"。在单循环反馈模式的设计上，图 9-3 所示中 A、B 两种方案是相对合理的，游戏给予玩家的反馈在玩家行为开始之后，"延迟"做出反应。而 C 方案中游戏反馈做到了"真正的即时"，可是给予玩家的感受是"我还没有做出反应，我的行为结果就出来"。

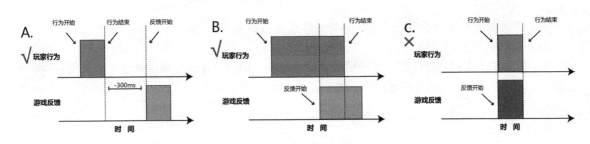

图 9-3　单循环反馈模式的设计

多循环

人们接受连续刺激时，并不是完成一个循环再进行另一个循环的，而是叠加进行，故计算机的处理时间不能多于 100ms，否则会有不及时和卡顿的感觉出现。在游戏中，我们操控角色或者物品，按键到画面呈现出结果的这段时间就是一个循环。如图 9-4 所示，行动和响应在同一个感知循环。

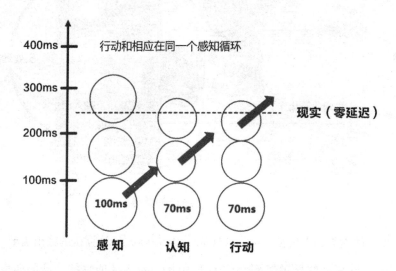

图 9-4　行动和响应在同一个感知循环

比如在《英雄联盟》里（图 9-5），角色要进行动作切换。需要 6 帧完成之前的移动并停下来，再用 4 帧完成转身。如果在上一帧还是第一个动作，第二帧立刻变成第二个动作，这个动作就是瞬间完成的，玩家就会有"我可能控制了个假人"的感觉。所以，在进行动作控制的时候，从指令发出，到人物或者物品做出改变需要合理的时间，否则打击感就会大幅下降，玩家无法"入戏"。

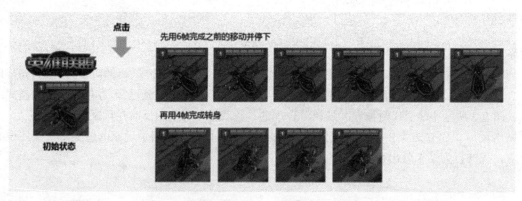

图 9-5　《英雄联盟》中角色动作改变需要 10 帧来保证动作的流畅

在某种程度上来说，设计游戏就是给玩家设计体验，而设计体验中最常见的一环就是反馈。下面是游戏设计中经常使用的几种基础反馈类型。

打击反馈

游戏中的另一种打击感的体现方式是打击反馈，玩家击中敌人时，要有明显的画面或反馈告诉玩家击中了以及效果如何。

如图 9-6 所示，我们可以发现，《炫斗》（左）的人物在失败或者挨打时是没有表情的，但《拳皇》（右）中的人物在挨打后会有龇牙咧嘴的表情。

游戏画面的细节可以辅助增强游戏的沉浸感，细节的提升可以增强画面的逼真感，例如，增加人物表情，人物在出场时有挑衅行为，在挨打时有痛苦表情，等等。图 9-7 所示为《穿越火线》中的设置，骷髅的明确提示，给玩家更强的体验。

图 9-6 《炫斗》（左）和《拳皇》（右）中挨打的表情

最简单粗暴的打击反馈就是数值，直观感受到武器带来的"击杀感"，这种看到即获得的感觉，更容易让玩家产生快感。图 9-8 所示为《梦幻西游》中伤害数值显示。

图 9-7 《穿越火线》中的"爆头击杀"图标　　　　图 9-8 《梦幻西游》中伤害数值显示

在打击反馈中，主要注意以下两点。

细节突出，让玩家收到清楚，明确，细化到伤害程度的反馈，玩家能力与对手能力相匹敌，打击感更强。

良好的及时反馈设计带给玩家更多沉浸感体验。控制人物时，需要调控动作数值，使人物动作、技能释放更自然，符合现实状况，让玩家更有沉浸感。操作技能时，需要详细的细节反馈、画面、声音、触感全方位的感受打击感更强，且对手实力相差不多，打击感越强。

堆叠反馈

堆叠反馈是指，玩家在某个时间段内，会感受到自己在慢慢成长，并且在堆叠到一个程度后达成释放，得到满足感。举个例子，如图 9-9 所示的《守望先锋》中查莉娅的输出随着能量的积累而提升，查莉娅在每一次对线的时候都有机会提升能量，等能量渐渐提升到较高的值时，查莉娅的伤害就会得到质变。又或者我们常常看到一些技能设计："每次击中便提高属性 XX 点，达到 YY 点时激活 ZZ 效果！"，这类都是堆叠反馈。在一部分游戏里，玩家在单局的游戏时间内都是一个渐渐变强的过程（比如大部分 MOBA 游戏、Rougelike 游戏），玩家本身就是一个渐渐积累而且变强的过程。等到玩家达到一定程度（出了某件关键装备、开启某个关键技能）后，角色能力就会得到质变，堆叠反馈非常明显。

图 9-9 《守望先锋》中查莉娅的输出随着能量的积累而提升

认知反馈

优秀的认知反馈体现在游戏中时，玩家在游戏行为中就能对游戏的内容有了充分的认知，而不是要玩家打开规则书查看文本才知道游戏规则。拿手游中的《皇室战争》（图 9-10）作为例子，新玩家一般不熟悉所有卡牌的效果，但是玩家可以在对战中学习每张卡牌的能力。比如玩家召唤了一堆小骷髅准备直取敌塔，对方召唤了一只女武神瞬间就清光了小骷髅，游戏过程中的表现和逻辑都告诉了玩家两个道理："女武神是一张具有 AOE 能力的卡""骷髅军团被 AOE能力克制"。在上面的例子中，玩家对新卡的认知来源是实战，而非卡面描述或者是官方资料。这就是认知反馈做得相对出色的例子。认知反馈其实有很大学问，关键点在于如何给玩家搭建认知的过程，比如从小反馈入手，用感知反馈来逐渐搭建。

反制反馈

常见于 PVP 游戏，玩家的大部分技能或者动作，都会提供反制的方式，当玩家及时采取反制操作时，通常起到"防御"+"反击"的效果，得到了正向激励的反馈。

从设计角度去看，反制反馈是必须存在的，否则游戏将会出现"一招吃遍天下"的情况。反制情况的

图 9-10 《皇室战争》中的女武神属性面板

存在，使得玩家不能随心所欲地进行游戏，玩家需要随时对于对手的反制行为有所防备。

比如《炉石传说》（图9-11）里照顾逆风局的经典卡牌"精神控制技师"，效果是登场时，若对方有4个或以上的随从，随机控制一个。对于打出这张卡的玩家来讲，用了低消耗得到了高收益，这不仅仅是"弱者补偿机制"，还反制了对方铺场。对于优势玩家来讲，则需要时刻注意是否要防备这种反制手段，然后调整自己的策略。

反制反馈是PVP游戏里加大策略纵深的常用手段之一，关键是在于如何把反馈做得明显且有效，这是一种动态平衡游戏的方法之一。

图9-11 《炉石传说》中的"精神控制技师"

延时预判反馈

游戏内容被释放，到效果产生，这期间存在着时间差，而玩家可以利用这个时间差来进行规避，这种就是延时预判反馈。这类反馈应用面很广，在《魔兽世界》的BOSS战中就大量使用了技能预警，BOSS在放技能之前会给玩家预警，如果玩家成功躲避了地上的红圈，就能规避伤害，这就是最基础的延时预判反馈。其应用形式会根据游戏类型来做更多拓展。而这种反馈不仅仅作用于受击者，还作用于攻击者一方。仍以《守望先锋》为例（图9-12），半藏和法老之鹰的普通攻击就是延时弹道，相对于即时判定的弹道来讲，此类弹道更难操作，但反馈很明显（因为击中之后伤害较高，这种不确定性还会给玩家带来惊喜）。而被攻击的一方通过观察对方的攻击，在时间差内进行规避，如果规避成功了就又是积极的反馈。

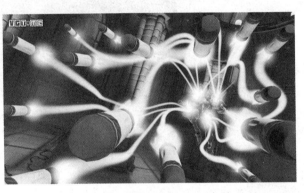

图9-12 《守望先锋》法老之鹰的弹道

所以，延时预判反馈是一种对于双方来讲都有正面效果的反馈类型。

权力反馈

权力直接决定了玩家支配事物的能力，而支配事物是人天生的本能之一。当玩家的游戏行为能够直接影响游戏内容甚至他人的游戏行为时，体现的就是权力反馈。使用技能"精神控制"，对面召唤到场面的随从就是你的了；使用"死亡之握"，对面藏在后排的角色就被你拉过来了；甩出"链勾"，对面正在释放大技能的玩家被你打断并拉过来了；女巫用"变羊术"（图9-13），对面龙鹰的锁链就被打断，变成了小羊任你宰割……这样的特殊支配能力让玩家瞬间主导游戏。这种在一定程度上限制或者控制其他角色的行为反馈就是权力反馈，给玩家带来本能的快感。

图9-13 《魔兽世界》中变羊术

设计师在设计这类反馈时一定要把握好度，在技能上面略施拳脚就好，如果应用在游戏生态上一定要谨慎。（比如某游戏可以无限制强行挑战其他玩家，死亡会掉落自身装备，这种属于用仇恨关系来建立社交网络的游戏类型）

目标反馈

这也许是使用最频繁和最普遍的反馈。游戏会给玩家节点式的目标，来引导玩家进行游戏行为。或者，玩家可以自发地生成游戏目标，进一步对自己形成正向激励。

在我们见得很多的氪金手游里，目标反馈的体验是核心，玩家总会知道自己在下一个等级段能够拿到什么奖励。第二天登录奖励这种强制按登录次数反馈的做法，就是氪金手游最基础的目标反馈之一。

虽然这类游戏的玩法受到诟病，但游戏中设定的大小节点的确在"付费体验"和"成长体验"这块给足玩家充分的目标反馈。

另一种目标反馈的形式是玩家自发生成。比如《魔兽世界》里猎人的标记、《守望先锋》中禅雅塔的乱、DOTA 中船长的标记（图 9-14）等，玩家会给攻击目标释放标记，这其实就是给自己或队友生成一个短时间的目标。

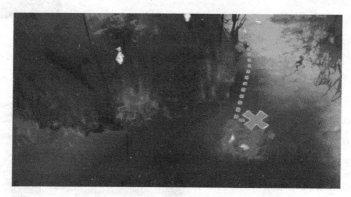

图 9-14　DOTA 中船长的标记

需要注意的是，这类 PVP 游戏，玩家在同一时间的内可选目标其实有很多。一旦敌人被标记，玩家就会有一个非常明确的攻击目标（通常被标记的目标都会带有易伤或其他减益效果）。

9.4　游戏界面设计技巧

所有游戏都有界面，无论是点击按键、移动操纵杆，还是控制纸牌和棋子。糟糕的界面会摧毁一款游戏；若你常玩电子游戏，定有遇到这种沮丧情况：游戏使你难以实现自己的期望操作，这就是界面设计失败。

在优秀游戏产品的设计制作过程中，通常会有 1～2 个设计师专门负责游戏界面。虽然学习游戏设计的人士不会将自己的所有时间都投入到界面设计中，但这依然是相当重要的话题。

雅各布·尼尔森（Jakob Wielsen）在运营商业网站方面是专家，已投身其中许多年。尼尔森的许多关于制作易用网站的文章也同样适用于设计杰出游戏作品。他总结出网页用户界面设计的 10 大普遍法则。下面将简要陈述若干涉及游戏设计的内容。

系统状态的可见性。用户应能够查看游戏，知晓其中进展情况。他们应能够看到操作产生的结果，通常要能够即时呈现。

机制易于目标用户的理解。游戏应该采用用户能够理解的词汇和概念。我们知道，你不会要求5 岁儿童完成复杂的数学题目或掌握"流行词汇"。但所有目标用户都有自己的特点，游戏需要做出相应调整。此外，信息应该以富有逻辑的方式呈现。

用户控制和自由。 若用户在运用界面时犯错，这不是源自游戏漏洞，而是游戏操作失误，给予他们弥补的机会，电子游戏应让玩家可以取消和重新选择。

一致性和标准化。 遵循平台惯例。用户总是有自己期望的操作方式，如果你以相反方式设置内容，就会阻碍他们从中收获乐趣。这里最好以标准方式进行操作。

防范失误。 合理设计游戏，避免用户犯下操作失误。虽然失误反馈有助于优化设计，但避免失误的设计显然更可取。

辨识而非记忆内容。 不要要求用户记忆或追踪游戏信息，这些工作应由游戏完成。若操作指示无法立即被玩家看到，则需确保其易于玩家发现。

运用的灵活性和高效性。 允许熟练玩家采用捷径，例如控制器上的定位钥匙和操纵杆。不要期望新用户会操作模糊指令。

美观和简约设计。 不要提供不相关的信息。若一个操作能够完成任务，不要设置两个操作。

帮助用户辨识、判断和修复失误。 若玩家操作失误，准确描述问题，提供相应解决方案。

帮助和提供文档信息。 设计理想的游戏不会要求玩家学习任何规则，但要想实现极为困难。帮助和文档信息的提供，方便了玩家的搜索。

每款游戏都需要界面，虽然许多人往往会考虑到主要针对游戏控制的设计，但界面的剩余部分常常被忽略。以下将分别阐述基础界面设计和面向大众用户的 5 个设计技巧。

基础界面设计

技巧 1：一致性
这个准则似乎是显而易见的，但是仍然会出现诸多控制方式在游戏过程中发生改变的游戏，这种疏忽的结果是让玩家感到愤怒。

最重要的是，要确保所有菜单和窗口的操作采用相同的控制方式。确定玩家选择菜单选项和返回上级菜单的方法，然后在整个游戏过程中保持这种方法不变。

技巧 2：最小化操作复杂度
操作复杂度指执行该动作所需的次动作数量。比如，点击"开始"打开菜单是 1 复杂度，从主菜单中退出游戏是 2 复杂度，这需要两个步骤，打开游戏主菜单和选择退出游戏。

通常来说，每个操作的实现都应当保持最低的复杂度，所有的普通操作都应当在 3 复杂度内完成。最小化操作复杂度可以让界面更易掌握，导航也更高效，这会让玩家的挫败感最小化。

《恐龙猎人 2》的辐射武器选择维持在 1 复杂度左右，而《黄金眼》的线性武器系统使操作复杂度随玩家所获武器数量的增加而增加。

技巧 3：允许跳过非互动内容
你或许希望玩家能够看看你花费巨额资金制作的过场动画，但他们可能对此漠不关心，或者说这个动画他们可能已经看过上百次，比如位于存盘点和困难 BOSS 间的动画。提供跳过过场动画的方式，但是不要使用玩家可能意外碰到的控制键位。

技巧 4：提供可保存的自定义选项

应允许玩家可以根据自身的需要改变界面，这是界面设计的重要组成部分。允许玩家自定义所有不影响到核心游戏玩法的内容，图 9-15 所示为《英雄联盟》中的自定义按键菜单。

如果控制可以自定义，那么要记住将这种改变同步到次级动作上。以《黑与白》为例，游戏允许你重新定义移动的控制方式，默认设置用鼠标左键移动，但是如果你自定义了移动控制方式，那么就无法使用双击鼠标左键直接跳到某个特别地点的功能。

而且，确保玩家可以保存所有的选项。玩家不希望每次开启游戏都要重新配置选项。

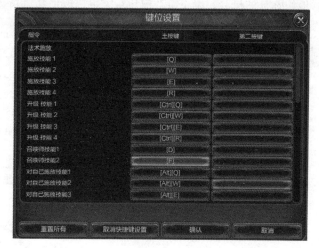

图 9-15 《英雄联盟》中的自定义按键菜单

技巧 5：将内容记录成文件

即便多数玩家不会阅读用户手册，但是在他们遇到问题或想明白自己的操作是否可行时，他们会去查看用户手册。优秀的文件记录会减少玩家的挫败感。

大众用户界面设计

技巧 1：借鉴玩家熟悉的内容

如果某种界面风格已经为人们所熟知，那么以这种界面为基础开始设计。比如，标准 WIMP 环境：视窗（Window）、图标（Icon）、选单（Menu）以及指标（Pointer）适用用在 PC 模拟游戏中。如果你想要将它替换成其他类型，那么这种新类型最好是易于掌握且比原做法更适合游戏。

这条准则也适用于图标设计。你可以使用国际通用的标识来让玩家迅速理解界面内容。

技巧 2：用图标提升识别速度，用文字来清晰阐述内容

图标可以让玩家迅速理解这项功能的含义。通常情况下，主流玩家的耐心不如硬核玩家，所以要对图标进行文字描述。

《极限滑雪》便是个绝佳的例证，如图 9-16 所示，游戏用文字和图标的双重方式创造出令人感到舒适的界面，而且易于使用。

技巧 3：控制方式不可超载

虽然将控制方式最小化是个很不错的想法，但是不要让控制方式超载。也就是说，确保每种控制都只有一个含义。《涂鸦小子》（Jet Set Radio）有着设计精

图 9-16 《极限滑雪》

美的界面（图 9-17），但是手柄上的左触发键超载，镜头控制和喷雾涂鸦用的都是这个键。这就意味着，玩家在涂鸦时无法移动镜头。

技巧 4：快捷方式仅适用于高级用户

在 PC 游戏界面设计中，避免使用键盘作为主要的操作媒介，键盘上的光标键和空格键可以考虑。游戏中应该有可以单纯通过鼠标来实现动作的操作。这并不意味着你不可设计键盘快捷方式，因为高级用户还是会使用这些快捷方式，但是愿意在开始玩游戏之前先记住大量键位的大众玩家并不多。

图 9-17 《涂鸦小子》

在主机游戏中，可以考虑提供高级控制机制，让玩家可以更快地开展某些动作。只是要确保这些控制选项准确地记录在用户手册中。

技巧 5：构建学习曲线

如果你一开始向他们提供所有的控制方式，那么可能会让玩家一头雾水。应当逐步向玩家介绍他们能够进行的操作和控制，理想情况下，这个过程应当在游戏主线中完成。但是如果无法实现，可以鼓励玩家在开始游戏之前先玩玩教学关卡。如果你的教学关卡具有足够的互动性，玩家可以跳过或加速教学关卡，这样就不会影响游戏体验。

思考与练习

根据人机界面的内容，基于 HCI 三大原则和及时反馈的类别，合理运用游戏界面设计技巧，通过下面的练习帮助你更深入地理解和应用人机交互原则与界面设计技巧。

1. 输入与输出设备体验分析

思考如何优化输入输出设备以提升游戏的易用性和沉浸感？不同类型的游戏对输入输出设备的需求有什么不同？

2. HCI 三大原则应用

设计一个小型游戏应用，说明如何在游戏中体现易用性、有用性和情感性三大 HCI 原则。思考哪些元素能增强游戏的情感性体验？如何权衡易用性和游戏复杂性之间的关系？

3. 及时反馈机制设计

为自己的游戏场景设计一种及时反馈机制，详细描述视觉、听觉和触觉反馈如何结合来提升玩家体验。思考反馈延迟对游戏体验的影响是什么？如何利用堆叠反馈和权力反馈增强游戏的吸引力？

4. 界面设计技巧

分析一款你熟悉的游戏的界面设计，找出其中成功和不足之处，并提出改善建议。思考如何在保证美观简约的前提下提升界面的功能性?

5. 反馈类型的整合

针对一个复杂的游戏系统,描述如何整合不同类型的反馈以增强玩家的互动体验。思考不同的反馈机制如何影响玩家的决策和游戏行为?结合反馈进行设计如何影响玩家的沉浸感和成就感?

这些练习旨在鼓励你反思和实践人机界面设计的原则,提升游戏设计项目的整体体验和用户满意度。

第 10 章
游戏策划文案

10.1 游戏策划书的制作格式

游戏策划书的是表达游戏策划内容的载体。其作用则是帮助开发者更好地理解游戏的内容，并统一开发团队对所要开发游戏的认识。

表 10-1 所示为游戏策划书的制作格式。

表 10-1　游戏策划书的制作格式

1　游戏概述

1.1　游戏名称，运行的软硬件环境。

1.2　游戏故事情节。通俗易懂地叙述游戏，说明游戏的可玩点，尽可能使游戏生动有趣。

1.3　游戏特征。说明这个游戏之所以能够吸引玩家的原因，以及这个游戏有哪些东西是其他游戏所没有的。

1.4　游戏定位。游戏的用户群体，对玩家在线时间的期望值进行预估。

1.5　游戏风格。包括游戏的画面效果和音乐音效等要素，这些是玩家对游戏的直观感受，是设计的基础。

2　游戏机制

游戏机制部分是整个文档中描述最详细的地方，这部分要描述在游戏中玩家可以做什么和如何才能激发玩家的兴趣。

2.1　游戏性设计

操作的乐趣。涉及准确的反应速度、恰到好处的动作幅度、好的节奏感、操作后的联动反应、快捷键的设置等方面。

探索和挖掘的乐趣。涉及探索地图的乐趣、特殊对抗的乐趣、发掘游戏规律的乐趣等方面。

研究和练习的乐趣。涉及游戏系统的研究、阵型装备的研究、版面谜题的研究、练习的乐趣等方面。

其他的乐趣。

2.2　游戏玩法和规则

向玩家描述如何进行游戏，说明游戏的运行模式。如果游戏开始于玩家创建角色，则需要描述这个过程；如果玩家要在不同模式间转换，那么每种模式都应当进行详细论述。

2.3　用户界面（设计游戏主界面一个、游戏开始界面一个）

用户界面的设计是游戏设计的中心环节。用户界面的设计包括用户的体验方式、使用什么样的镜头角度、玩家如何影响镜头的位置等。同时，还需要对与游戏操控有关的图形用户界面（GUI）进行相关的描述。

2.4　玩家交互

描述游戏中玩家间的交互方式（交互包括组队、聊天、建立玩家之间的体系关系），并说明玩家如何使用这个交互方式。

3　人工智能（AI）

如果说游戏机制部分描写的是玩家如何与游戏环境互动的话，那么人工智能部分则是记录游戏环境对玩家的行动。玩家在游戏环境中所面对的对手将如何行动？在某种情况下它们将做什么？在玩家什么也不做时，游戏环境如何运转？在人工智能单元中，应该说明期望你的游戏如何对待玩家，尽力遵循与游戏机制部分相同的法则。

---

4 游戏元素

根据游戏的类型，可将游戏分为若干组游戏元素。在每一类别里，请尽量按照逻辑顺序或用最合适的方式进行分组。

4.1 角色

角色包括游戏中所有活动着的、非玩家操控的元素。详细介绍角色的设定（包括种类、特征、技能等）以及这样设定的意义。

4.2 物品（设计装备、武器、使用道具）

物品包括玩家能够拾起、使用或用某种方式操纵的东西。可以通过以下方式分析物品的相关设定：物品的特点、物品的种类、物品用途、获得与消耗方式。

4.3 对象（设计主要场景、主要 NPC）

对象包括出现在游戏中的各种实体，它们不是 AI 驱动的，玩家不能拾起，但能以某种方式操纵它们，如场景、NPC 等。

5 游戏的故事背景

这部分包括游戏的时代背景、社会体系、人物关系等。

6 游戏过程（选择主线说明）

把游戏分解成为玩家经历的各种事件，并叙述这些事件的发展。游戏进程可考虑按关卡来细分，在每一关中，要详细描述故事发生的背景、玩家将面对的挑战等。当然，不是每个游戏都分关卡，也可考虑游戏中人物在游戏世界的目的是什么，按照人物的初期目的、中期目的、终极目的来划分游戏进程。需要注意文档的逻辑顺序，让游戏的各部分进程环环相扣，让读者能一目了然游戏的框架结构。

这部分还应讨论游戏平衡性问题，这包括了游戏规则的平衡性、游戏角色和物品的平衡性，以及关卡设定的平衡性，平衡性的设计是决定游戏设计意图能否得到贯彻的重要因素。

7 技术应用分析

技术分析有一定难度，如果对此有了解可以分析一下；如果不了解，可以略过。

7.1 图像技术应用

比如如何运用最新 3D 引擎来呈现出华丽的效果，或者如何优化结构来降低硬件配置要求等。

7.2 网络技术应用

作为一款网络游戏，就需要考虑如何解决服务器通讯压力，网络延迟，同步预测与判定，防止"私服""外挂"等技术难题。

7.3 其他技术特点

如果游戏有自己独特的技术应用，分析这些技术可以更深入的了解游戏本身。

图释是文案的好朋友

　　一张图片往往比大段的文字来得更加清楚直观。哪里用图，用什么样的图，是根据实际情况来的，但是有以下两种情况往往是图像比文字好：

（1）流程图

　　特别是有分支的流程图，相比较文字而言流程图能使各部分之间的关系一目了然。如图 10-1 所示，游戏循环、UI 结构、AI 等可用流程图来表示其转化关系。这里顺便给大家推荐一个画流程图的工具，微软 Office 套件里的 Visio。

（2）UI/HUD 界面

　　UI 或者 HUD 用熟悉的工具来做图会比较好。当然也有不用图而用其他形式来表现的，或者和美术部门商量着出图的，但是大多数情况下还是策划师来设计布局图，如图 10-2 所示。

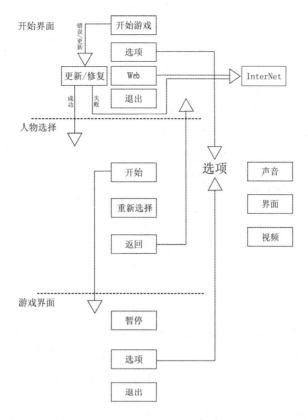

图 10-1　流程图案例

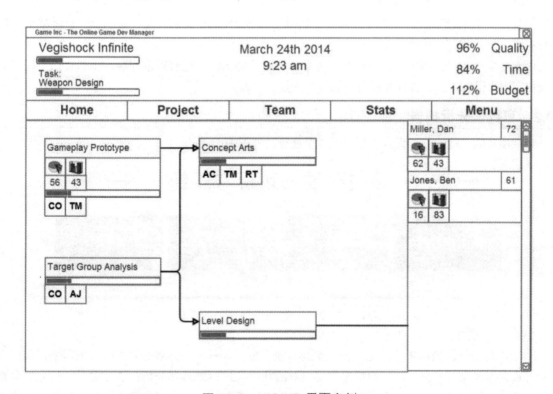

图 10-2　UI/HUD 界面案例

（3）其他部分的用图，比如像图 10-3 这样说明游戏的玩法也是好的。

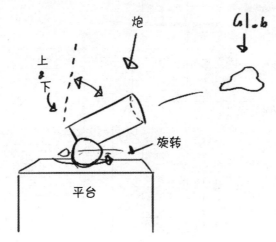

图 10-3 游戏玩法设计草图案例

活用工具

策划文案不一定就是单一的 Office Word 文档或者 TXT 文件，有很多工具也能很好地完成策划案的任务。用的比较多的就是 Wiki 多人协作写作系统。Wiki 超文本系统的优点主要有两个：可以协同工作和可以快速跳转。第一个特性可以帮助策划团队完成工作，并能追踪版本更新。第二个特性可以帮助阅读者快速跳转到具体的页面，这也一定程度上避免了过于臃肿的策划案出现。当然用 Wiki 写策划案也是有弊端的，比如需要有专人来管理以及由于系统间关系不直观不容易跟踪而导致大量被荒废等问题。除了 Wiki，也有策划会用 Flash 软件或者其他的工具来制作原型进而表达自己的观点。

另外由一个来自暴雪的游戏设计师介绍的 One-Page Design 也很有趣，他的想法是将某个系统中所有相关的内容都集中在一页内来表示，通过图片和大小位置的关系来表现各部分之间的联系，再辅以文字描述来帮助阅读的人理解。这是个非常好的想法，但也有很多问题，比如难以更新或者查找特定内容很麻烦，系统复杂后会更能难制作等。

10.2 可行性分析报告

游戏项目的可行性分析报告包括以下 4 个部分，如图 10-4 所示。

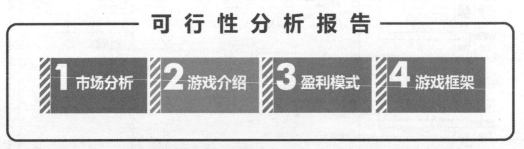

图 10-4 游戏可行性分析报告的四个部分

（1）**市场分析**：当前市场情况分析是给老板或者投资人看的。游戏必须适应市场需要，闭门造车的游戏企划案是不可行的。一般情况下要先对游戏市场进行调研和分析，通过对最新信息的分析来捕捉游戏市场动向和游戏玩家喜好，并把这些信息合理地加入到游戏项目的可行性分析报告中来增强说服力和市场依据。对于游戏设计初学者来讲，短时间内并不需要对市场十分敏感，而且这也对初学者而言也不是短时间内就能掌握的。但是需要对整个的游戏行业的发展方向有个大体的认识和了解，尤其是你所设计的这个类型的游戏。

（2）**游戏介绍**：这是一个简要描述你的游戏内容最好的方法和机会。技术性的企划文档内容大多数情况下都不会有人认真看完。这时，可行性分析报告就决定着这个游戏项目是否能顺利进行下去，让你的游戏创意不被扼杀在企划案的阶段。所以这是一个让别人了解你想法的最好机会。这里对游戏的介绍不能太长，要把你所有的精华部分都罗列在上面，如果你能吸引你的上级和投资者，那么你的游戏项目的确立就成功了一半。对游戏企划来说，这也是显露自己才华的最好机会，如何用最简洁的语言把整个游戏的精华表述出来就要看你的文学功底了。一旦你的游戏项目被确立，那么以后所有的游戏设计工作都要围绕着你的游戏企划书来展开。所以游戏的盈利点和主要特征都要进行认真的讨论与分析，利用调研中得到的信息展开讨论，并结合其他游戏的优缺点分析自己设计中需要突出展现和需要注意的地方。

（3）**盈利模式**：这部分要对整体开发成本以及回报进行估算。要分析需要多少人工费用，设备费，以及管理费用，等等。然后要制定一套收费标准以及可以有效回收成本的销售途径，与此同时还要充分考虑是否有其他的盈利模式等。

（4）**游戏框架**：这部分对游戏来说至关重要。游戏要如何划分模块，用什么方式开发，以及模块之间的关系都要确定下来。对于一个大型的游戏项目，如果不进行模块划分和良好的整体设计，在实际的开发过程中就会陷入无限的混乱之中，人员也会很难控制。按照体系进行划分是一个比较有效的划分方法，任何游戏都是可以根据自身要求进行模块划分的。

10.3　项目计划

古语有云：谋定而动。"谋"就是做计划，也就是做任何事情之前，都要先计划清楚。项目管理也一样，有人说项目管理就是制订计划，执行计划，监控计划的过程。项目管理泰斗科兹纳更是一针见血：不做计划的好处，就是不用成天煎熬的监控计划的执行情况，直接面临突如其来的失败与痛苦。可见项目计划在项目管理中的重要性。在大型游戏设计项目中，项目计划的制订是件非常重要但又非常有难度的事情，每天都会有同事问：今天我该做什么工作呢？所以一个优秀的游戏项目计划是游戏开发得以顺利进行的重要保障之一。

整体实施计划

在明确了游戏项目的整体目标后，需要把这个游戏目标按阶段来进行分解，通常游戏项目的阶段划分是按照软件工程的阶段来划分，即：需求、设计、开发、测试。如果其中有某一项工作占的比重比较大，或者特别重要，可以把它单独拎出来作为一个阶段。

这个阶段的划分只是大体上的，说明每个时间段的工作重心，并非需求阶段就不能做开发阶段的事情，有些事情根据情况能提前就提前做。每个阶段有开始时间和结束时间，相对而言，开始时间不是很重要，但结束时间很重要，往往结束时间会被当作一个小里程碑，其中某些节点会被视为项目的大里程碑。每个里程碑都对应了一个项目的子目标，以及重要的阶段性产出物。

详细工作计划

让游戏项目的设计师、骨干成员等加入到制订项目详细工作计划中来。这样在游戏研发的过程中，他们会更清楚地了解各个部分到底需要多少工作量，如图 10-5 所示。

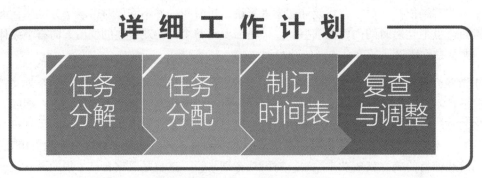

图 10-5　制订详细的工作计划

（1）**任务分解**。根据项目范围，将具体工作任务进行分解。使每个设计师都能明确了解自己的任务，并确保每项任务是独立的，任务的状态和完成情况是可以被量化的，每项任务有明确的交付成果，每项任务都有一个负责人或者主要负责人。对于具有共性的任务可以单独抽离出来进行定性并分解，而不是重复的被分解。

（2）**任务分配**。让合适的人做合适的事，为每项任务指派最佳的负责人。需要考虑该项任务是否与负责人的能力相匹配，负责人是否乐意做这项工作，是否有人更适合这项任务。连续性和关联性较强的任务尽量分配给同一个人，可并行的任务尽量分配给不同的人。

（3）**制订时间表**。为每项任务评估工作量，设定开始时间和结束时间。因为任务项足够小，这里的评估工作量并非拍脑袋，而是要求比较精确的，可以考虑让负责人自己评估或者专家评估。根据任务的优先级、任务关联度、任务依赖关系来制定任务先后开发顺序，开始时间和结束时间则是按每个任务的顺序而连续递增下去的。

（4）**复查与调整**。复查项目计划的科学性并再调整。比如项目成员的工作是否分配比较均衡，每个人的工作是否都比较饱满。关键路径是哪一条或几条，谁在关键路径上，他在关键路径上是否合适。

10.4　开发费用预算

游戏开发费用的预算往往是一个游戏项目开始前最容易且最必须建立的部分，它实际上也是随着项目的不断深入而需要不断更新和修改的。预算需要跟踪所有项目相关费用的去向。这些费用包括人员工资、公司险金、外部开销、雇员险金、出差、预付款、授权费，以及其他各种各样的费用。那游戏设计师如何在最初就建立起一份预算呢？接下来简单介绍如何建立一份合理、准确和灵活的预算。

对于游戏开发商来说，游戏制作成本是个比较重要的问题。如何将有限的资金更合理地投入到项目中的每个阶段是设计师需要深思熟虑的事。

在预制作阶段，要和开发团队紧密协作，共同去规划出理想的情况，列出这个游戏项目最高层的目标，利用这段时间去敲定游戏项目可能实现的内容，列出你觉得需要的所有东西。当各种创意汇聚在一起形成一个可制作的激动人心的游戏时，把预算上各种细节也填补进去。项目管理过程中把这一阶段称为**推测阶段**，紧接其后的是**探索阶段**。在探索阶段中会考虑折中问题，在游戏设计和财政资源中寻求一个平衡点。通过把注意力集中在理想情形里，最终可能会有一部分的目标是看起来难以达成或者不可能达成的。不过在鼓励团队瞄准高目标的过程中，设计师也要把自己设定成一位高标准的领导。即使团队在预制作阶段里可能达不到所有设立的目标，但假如从不设立理想目标，那么就永远不可能达成最理想的情况。

在这个环节里，最重要的部分是把各种想法列在纸上，评估出要完成哪些功能，这些功能需要团队里具备哪种经验的人员，以及在何时需要多少的人员。在这个评估过程中，做出一份完整和详尽预算是非常有必要的。在把这些详细的预算都写在纸上的过程里，团队也会考虑到各种过去没想到的问题和可能性，随之产生成千上万个还没解决的问题。

· 策划人员 · 程序人员 · 制作人 · 美术人员 · 音效人员 · 音乐人员 · 测试人员

通过详尽的表格和整体计划来确定出项目完成所需要的所有资源。接下来，你就需要考虑游戏项目必需的人员需求了，基于这些人员需求，你会发现附带了其他的一堆成本。在人力资源上应该像表 10-2 一样按人和月份划分（需要的人员数乘以项目的月数）。

表 10-2　游戏项目的人力成本

成本中心	每月成本	所需时间（月）	总成本
策　　划			
策划人员（1 级）	¥10,000	24	¥240,000
策划人员（2 级）	¥8,000	20	¥160,000
策划人员（3 级）	¥6,000	20	¥120,000
策划人员（4 级）	¥4,000	18	¥72,000
美　　术			
美术人员（1 级）	¥10,000	24	¥240,000
美术人员（2 级）	¥8,000	20	¥160,000
美术人员（3 级）	¥6,000	20	¥120,000
美术人员（4 级）	¥4,000	18	¥72,000
程　　序			
程序人员（1 级）	¥10,000	24	¥240,000
程序人员（2 级）	¥8,000	20	¥160,000
程序人员（3 级）	¥6,000	20	¥120,000
程序人员（4 级）	¥4,000	18	¥72,000
音乐音效			
音效主管	¥7,000	12	¥84,000
作曲	固定成本		
合成	¥6,000	8	¥48,000
测　　试			
测试人员	¥4,000	12	¥48,000
测试人员	¥4,000	12	¥48,000
测试人员	¥4,000	12	¥48,000
测试人员	¥4,000	12	¥48,000
总成本			¥2,100,000

当你对以上每个领域都有了人月评估后，你就可以进入到下一步去评估成本了。在预制作阶段，建立预算的目标在于尽可能准确地定下要多少钱才能让游戏按计划完成且保证在商业上成功。在这个过程结束时所准备和通过的预算，通常会成为衡量开发团队和制作人表现的参照。

完成了预制作的估算就会对游戏概念以及如何做出一个"大作"充满信心了。一份好的预算能让开发团队实现梦想中的概念并把它带到市场上，要建立起这样的预算是需要很多工作的，它的细致程度需要达到游戏开发计划中的任务分解那般。

10.5 游戏开发设计文档

制作游戏开发设计文档的目的主要是为了更准确的记录和更便捷的交流。

记录。人类的记忆是很可怕的。游戏设计师会通过数不清的重要决策来界定出游戏的运作方式和运作理由，但你却几乎无法记住所有这些决策。当这些耀眼的创意在你头脑里闪现时，你很可能感觉它们是不可能忘记的。然而经过两周以后，当你做了两百个游戏决策以后，即使是最精巧的解决方案也很容易会忘掉。假如你养成了记录各种设计决策的习惯，那它会为你节省下一遍又一遍去解决同一个问题的时间。

交流。即使你真的是过目不忘，但游戏中的各种决策还是需要与团队里的其他人交流的，而文档就是进行交流的一种很有效的方式。交流并不是单向的，它会是一次对话。当一个决策落到纸上，肯定有人能从中找出问题或者是提出某种方法来让它变得更好。文档能把更多人的思维集合到设计上，让大家能更快地找出并更好地修复游戏设计中的缺陷。

游戏开发设计文档的类型

由于文档的目的在于记录和交流，因此所需要的文档类型是取决于所需要记录和交流的内容。很少有游戏是一个开发设计文档就能满足所有需要的——通常情况是制作出多种不同类型的文档。项目里有 6 个主要的群体是需要记录和交流不同内容的，他们中的每一个群体都会产生出自己独有的一类文档。图 10-6 展示了一个游戏设计团队中可能发生的记录和交流的途径。每一个箭头都会产生一个或者多个文档。接下来让我们看看每一个群体都会制作出哪些文档。

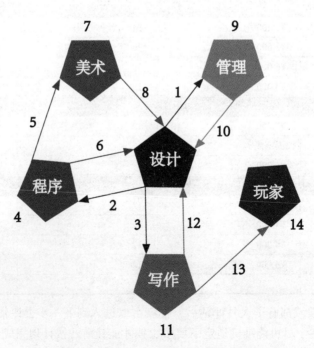

图 10-6 游戏开发设计文档的类型

设计

（1）**游戏设计概述**（Game Design Overview）。这份文档属于高层次的文档，可能只有短短数页。它通常是为管理层写的，让他们能理解游戏大概是怎么样的以及它定位是哪些人群，而无须太过深入。这份概述文档对整个团队来说也是很有用的，它能让团队了解到整个游戏的设计方向和目标。

（2）**详细设计文档**（Detailed Design Document）。这份文档会以大量的细节来描述出所有的游戏机制和游戏界面，它通常满足两个目的：一是帮助设计师能记录他们提出和遇到的所有想法，二是把这些想法传达给负责编码的程序人员和负责做出好看外观的美术人员。因为这类文档极少落入"外行人"手里，所以它通常会有很多能引起激起讨论和很多重要想法的细节。它们往往是所有文档中最厚的，也很少会一直保持更新。当到了项目进行到一半的时候通常会完全废弃——因为到了这个程度时，游戏本身已经包含了这些重要细节中的绝大部分，那些没有放到游戏里的细节往往是通过非正式的渠道（例如，通过 E-mail 或者短短几页的注解）进行调换了。

（3）**故事概述**（Story Overview）。很多游戏都需要专业的作家来为游戏创作对话和剧情。这些作家通常都是签约的，很多时候会远离团队工作。游戏设计师通常会让他们执行正式的写作之前先写一份简短的概述文档，这份文档会描述了各种重要的设定、角色，以及在游戏中发生的各种行为。往往一个有着各种有趣创意的作家会依据自己的创意改变整个的游戏设计。

程序

（4）**技术设计文档**（Technical Design Document）。通常一个游戏有着众多与游戏机制无关的复杂系统，这些系统只是和屏幕上的显示机制、网络传输数据，以及其他棘手的技术任务相关。往往程序团队之外的人都不太关心这些细节，但一旦程序团队是由多于一个人组成时，这些细节通常要记录到一个文档里，这样才能使加入到团队里的其他人能理解到整个整体是将要如何运作的。这就像详细设计文档那样，它们很少会在项目过了一半以后还持续更新，但书写这些文档往往比系统架构和编码要更重要和更本质。

（5）**流水线概述**（Pipeline Overview）。一个视频游戏编程的大部分挑战性工作都源于把美术资源合理地整合到游戏里。这个过程中往往有着很多特殊的操作准则，也是美术人员必须遵循的，这样才能让美术在游戏里合理地呈现。这份简短的文档通常是程序员为美术团队特地编写的，因此它越简单越好。

（6）**系统限制**（System Limitations）。设计师和美术人员往往完全不知道他们的设计中哪些是系统许可的（即使他们会假装知道）。对一些游戏来说程序员会觉得建立一份文档清楚地明确各种不可逾越的限制是很有用的，例如同屏的多边形数量，每秒钟发送的更新消息的数量，屏幕上同时发生的爆炸效果数量，等等。通常这些信息也不是已成定局，但确立了这种限制（并把它写下来）会在以后节省很多时间——并且这也有助于促成大家讨论，一起去想出创造性的解决方案来越过这些限制。

美术

（7）**美术指导文档**（Art Bible）。假如多名美术人员是在同一款产品上工作，一起创造出一个统一的外观和感觉的游戏，那他们必须有一些指引来帮助维持过程中的一致性。"美术指导文档"正是提供了这些指引的一份文档。它包括了角色卡、场景环境实例、用色实例、界面实例，以及其他界定了游戏中所有元素外观的因素。

（8）**概念设定概述**（Concept Art Overview）。在游戏制作出来前，团队里有很多人都需要了解整个游戏的外观将会是怎么样的。这正是概念设定的工作。不过通常单靠设定是不够的，它通常在一部分设计文档中才能产生最大的意义。因此概念设定团队往往都会和设计团队一起工作，一起提出一组图画来展现出游戏设计成型时的外观和感受。这些早期的设定图会在很多地方里用上——例如游戏设计概述和详细设计文档，有时候甚至还会用在技术文档中，借以用来说明技术上希望达到的外观。

管理

（9）**游戏预算**（Game Budget）。尽管我们都希望"一直做到游戏完成为止"，但游戏行业所需经济效益的事实使得很少能允许这种情况发生。往往团队在完全了解到自己将要做出什么游戏之前就必须提出开发这个游戏的具体成本。这个成本通常会通过一个文档来确定，一般是一份展开清单，里面试图列出游戏里所有需要完成的工作，然后通过开发时间估算来转化成金钱成本。单靠制作人或者项目经理来提出这些数字是不可能的，他们通常会和团队中的每部分紧密合作来尽可能精确地估算出这些数字。这份文档往往是第一批建立的文档，因为它是用来确保项目所需的资金。一个好的项目经理会在整个项目过程中不断更新这份文档，以此来确保项目不会超出所分配的预算。

（10）**项目计划**（Project Schedule）。在一个良好运作的项目里，这份文档是最经常更新的。我们都知道游戏设计和开发的过程充满着意外和各种意料不到的改变。但尽管如此，一定程度的规划是必需的，理想来说，计划应该至少每周更新一次。一个好的项目计划文档会列出所有需要完成的任务、每一个任务需要花多长时间、每一个任务必须在什么时候完成，以及该任务是由谁负责。如果条件允许的话，这份文档可以放进软件里。对一个中型或者大型游戏来说，保持这份文档的更新完全能变成一份全职工作。

写作

（11）**故事手册**（Story manual）。尽管有人可能会觉得游戏的故事完全由项目里的作家（如果有的话）决定，但情况往往是项目里的每个人都会对故事带来有意义的改变。游戏引擎程序员可能会发现某些故事元素会带来技术上的挑战，于是提议对故事进行改变；美术人员可能对故事中一个全新的部分有着作家从来没想象到的视觉创意；游戏设计师可能对游戏玩法设定有着一些想法，需要故事也跟着做一些改变。故事手册在故事许可和不许可的方面设立下权威，让团队里的每个人更容易对故事贡献各种创意，最终让整个故事和美术、技术和游戏玩法更好地整合在一起，从而让故事变得更强大。

（12）**剧本**（Script）。如果游戏里的 NPC 是会说话的，那他们的对话必定要来自于某些地方！这些对话往往是编写在一个剧本文档里的，它会从详细设计文档中分离出来，作为其附录。这里的关键在于游戏设计师要复审所有的对话，因为很容易会发生某行对话和游戏玩法的规则不一致的情况。

（13）**游戏教程和手册**（Game Tutorial and Manual）。视频游戏是很复杂的，玩家必须通过某种方式学会怎样去玩。在游戏内部的教程里、网页上，以及印制的手册里都是录入这些指南的地方。在这些地方里所写的文字是很重要的——如果玩家不能理解你的游戏，他们怎么会喜欢它呢？你游戏设计中的细节很可能直到开发完成前的最后一分钟还在不断改变，因此重要的是确保有人不断地校正这些文字，保证它们一直和游戏的实现是准确对应的。

玩家

（14）**游戏攻略**（Game Walkthrough）。开发者并不是唯一写出跟游戏相关的文档的人！假如玩家喜欢一个游戏，他们往往会写出自己的文档并把它发到网上。如图 10-7 所示为艾泽拉斯国家地理游戏社区上玩家的分享攻略。详细研究玩家对你游戏所写下的内容，这样能很好地找出玩家具体喜欢和不喜欢你游戏里的哪些部分，能了解到他们觉得哪些部分太难或太简单。当然，当一份游戏攻略写了出来以后，想调整游戏往往也显得太晚了——但至少你能知道下一次该怎么做！

图 10-7　艾泽拉斯国家地理游戏社区上玩家的分享攻略

最后我们要再次强调一下，这些文档并不是一份通用的魔法模板——游戏设计的世界里并不存在一成不变的模板！每个游戏都是不同的，它们在记忆和交流上的需求也是不同的，你必须自己去找出合用的文档方式。

你只要像你最初开始设计你的游戏那样去开始就可以了。开始的文档里粗略地列出你希望在游戏里包含的各种创意。随着这份列表慢慢增长，在你脑海里也会衍生出各种设计上的问题——这些问题是至关重要的！务必把它们写下来，这样你才不会忘记！"着手设计"通常意味着不断去回答这些问题，因此你不应该遗漏掉任何一个问题。每当你满意地回答了一个问题后，记下你的决定以及你采取这样的决定的原因。渐渐地你列出了各种想法、规划和问题，答案也会慢慢清晰起来，并自然地转变成各个章节。坚持不断记下你需要记住的东西以及你需要交流的东西，这样你不知不觉就会有了一份设计文档——这份文档不是基于一份魔法般的模板，而是基于你独一无二的游戏中，独一无二的设计，有组织地成长起来的。

10.6　团队交流

很多书都谈到如何促成良好的团队交流。如图 10-8 所示，这里把它浓缩成 9 个和游戏设计特别相关的关键问题。你可能觉得这些点听起来都很基础，它们的确是基础的，但掌握这些基础正是在任何领域成功的关键，尤其是像团队性的游戏设计这样复杂精细的过程。以下是团队交流的 9 个关键要素。

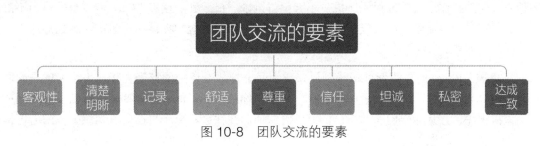

图 10-8　团队交流的要素

（1）**客观性**（Objectivity）。把这点列作第一点，因为它是最可能出错的。在设计过程中很容易陷入某一个创意，但假如其他的团队成员不喜欢你的创意，你又该何去何从呢？恐怕此时你只能开会进行讨论。所有的团队讨论都必须把重点放在各自的设计创意能否很好地解决当前问题这点上。对这些创意的个人偏好是完全不重要的——重要的在于这些创意能不能解决问题。别老是在会议上说出"我的创意"和"张三的创意"之类的话，你应该更客观地说："太空飞船的创意"。后一种说法不仅能让创意脱离个人成分（让它们提升到团队层面上），而且也会显得更清晰。另一个很好的技巧是把替代方案作为一个问题提出来。例如你不应该只说："A一点都不好，我觉得B更好"，而应该说："假如我们用B来替代A，那会怎么样呢？"让团队的成员一起去讨论B相对于A的优点。这是一个细节上的差别，但控制团队交流的过程本身就是细致活。作为一个设计师，如果你能时刻客观地看待问题，那毫无疑问，你的设计方案将会慢慢趋于完美并得到其他人的认同，因为他们都清楚当你对设计"给予评判"时是不会有任何极端的倾向的，他们只会得到诚恳的、客观的、有用的反馈。进一步而言，大家会更希望你参与每一次讨论，因为你把客观性的风格带到房间里，你的出现能有助于减少那些没那么客观的人争吵起来的次数。而最棒的一点是，当一次团队的设计会议有着客观性的风格存在时，每一个想法都会被认真地思考，这意味着即使腼腆的团队成员也会感觉自己言论自由，于是本来可能隐藏在阴影里战战兢兢的想法都会自信地走到阳光下。

（2）**清楚明晰**（Clarity）。这一点就很容易理解。假如交流过程是不清不楚的，那会引起很多混乱。当你解释某样东西时需要看别人是否理解你的意思。尽可能地阐明你的想法。假如别人话语里有让你觉得不清晰的地方时，永远别去假装你理解他们说什么。不管有多尴尬，不断提问直到你理解他们的意思为止。因为假如设计团队里的每个人的理解不一致时，他们怎么可能进行有意义的交流呢？不过光是理解其他人只是达到了清楚明晰的一半——另一半是让它具体明确。当向你的制作人报告时，说出"我在周四设计了战斗系统"和"我在周四下午5点发给你一封邮件，里面有3~5页描述了我们回合制战斗系统的界面"这两种说法有着很大的差别。第一种说法让误会的大门敞得更宽了，而第二种对第一次明确的交付的成果给予了很多重要的细节描述，让误会几乎没有存在的空间。

（3）**记录**（Persistence）。把各种事情写下来！口头的交流是暂时性的，很容易误解和忘记。记录下来的事情能在之后的工作中给团队里的每个人查看。你可以利用任何一种具有一定保存度的媒介去记录，例如笔记本、邮件、论坛、邮件列表、共享文件、Wiki、打印的文档等。确保每一次设计会议里都有人负责记录，事后把记录共享给整个团队。当你就某个设计主题发送一份邮件时，确保把团队里的每个人都包括进去。这能避免遗漏某些人的情况发生，也能避免让大家觉得被遗漏的情况发生。

（4）**舒适**（Comfort）。这点听起来有点傻，舒适对交流能带来什么作用呢？这很简单：当人们舒适时，他们更不容易心烦意乱，交流也会变得更自由。确保团队有一个舒适的交流场所——那里很安静，有着合适的温度，有着足够的座位，有着很大的书写桌面，简单来说是一个让身体感到舒适的地方。此外，你还需要确保团队成员不会觉得饥饿、口渴和过度疲劳。人们在身体感到不舒适时会变成很糟糕的交流者。但仅仅是身体上的舒适是不够的，他们在情感上也应该感到舒适，这也引出了我们接下来要谈的下一项。

（5）**尊重**（Respect）。我们前面谈到过，成为一个好的设计师的秘密在于成为一名优秀的聆听者。而如何成为一名优秀的聆听者的秘密在于要尊重你正在聆听的人。那些感觉自己没有受到尊重的人会谈得很少，并且当他们谈及自己的意见时，他们往往会不忠于自己的真实感受，因为害怕自己会受到苛刻的评判。那些受到尊重的人会自由、开放和诚恳地讨论。倘若记住这点的话，尊重别人很容易做到。别打断别人的话，眼睛也别四处转，即使你觉得他们说的话都是很愚蠢的。你要一直保持礼貌和耐心。找一些好听的话来说，即使让你不得不绕一点弯。尽可能去寻找一些你们之间的共同点，这是最容易做到尊重别人的方法。假如所有这些方法都失败时，向自己重复这句咒语："如果是我错了那该怎么办呢？"假如你不知怎么地侮辱或者侵犯了某人，别急着去思考他说的东西，而是第一时间道歉，并且诚恳地这样做。因为一旦你设法一直去尊重你的团队成员，那他们不单会帮你，而且还会尊重你。当所有人都感觉受到尊重时，他们会竭尽全力地交流。

（6）信任（Trust）。假如没有信任，尊重是不可能发生的——如果我不相信你的所说所为，那我如何能清楚你是否尊重我？信任不是靠一种信念来单方面进行的，信任的关系是随时间的流逝而逐渐建立起来的。基于这个原因，交流的质量是远没有交流的数量重要的。那些每天都能见到，经常一起交谈和解决问题的人会逐渐了解到彼此是否值得互相信赖。而一群很少见到对方，只是一个月见一次的人对彼此的信赖程度是毫不知情的。面对面的交流有着某种微妙之处，它能让我们在潜意识里决定了如何去相信别人以及何时去相信别人。要找出团队里互相的信赖关系，最简单的办法是观察一下谁和谁一起就餐。大部分的动物对一起就餐的对象是非常挑剔的，人类也不例外。假如美术人员是和程序人员分开吃饭的，那在工作的衔接上就可能会出问题。假如 Xbox 的团队是和 PS 的团队分开吃饭的，那往往在接口上会出现问题。给予你的团队聚在一起的机会，让他们能一起交流，即使他们交流的事情和项目无关。因为你团队内拥有越广泛的交流（即使是任何事情！），那他们越能学会如何去相互信任——这正是为什么几乎所有游戏工作室都不会设立单独办公室的原因，它们往往更偏向于让一个团队坐在一个开放的办公室里，让他们每天都进行面对面交流。

（7）坦诚（Honesty）。正如舒适是取决于尊重的，尊重是取决于信任的，同理，那信任是取决于坦诚的。假如你在某些领域上具有不够坦诚的名声，即使是与游戏设计和开发无关的事，别人也不会与你开诚布公的交流，这样会极大地抑制了团队的交流。游戏开发有时候是一种需要真实性的行为，你必须时不时地对某件事的真相进行延展，但同时也要让你的团队感觉肯定能从你这里得到真相，否则团队的交流气氛就会紧张起来。

（8）私密（Privacy）。坦诚并不总是那么容易做到，因为很多时候真相让人痛苦。即使我们都希望在设计工作中保持客观，但往往个人的欲望和野心会包含在我们的工作里。在公众场合坦诚地谈论这些事或许很难，甚至是不可能的。比起公开地说，人们通常更愿意在一次一对一的谈话里诉说他们真正的想法。只要可能，尽量去花时间和设计团队里的每个人私下谈话——他们通常都会谈及一些平常在公开场合里不方便谈论的问题和想法。这种一对一的谈话也很有利于建立信任和一个关于信任的良性循环：更多的信任造就更多坦诚的交流，而这点又进一步引向更多的信任，如此反复。

（9）达成一致（Unity）。在设计过程中，往往会出现各种各样的意见和争论。这种情况很健康也很自然。然而最终团队必须达成一个所有人都同意的决定。切记一点，只有两个人以上才会产生分歧。假如你团队里的某个成员对某个点持有很固执的意见，那你应该尊重他，做好各方的工作，直至得到一个有意义的折中方案为止。让他们去解释为什么这一点对他们来说显得这么重要，这样能让团队里其余人了解到为什么这点是重要的。当以上这些方法都无效时，那问题就变成了："怎么才能把你融进来呢？"你可能无法马上解决这种意见上的分歧，但你不能无视它。比如汽车引擎里有一个汽缸点不着会导致性能下降一半，最终甚至会毁掉整个引擎；团队里一个成员不赞成设计会降低了团队里每个人的效能，最终甚至会让整个团队分崩离析。交流的最终目标是达成一致。

游戏设计和开发的过程很艰难。除非你很有才能，并且你的项目也很小，否则你是无法单独完成的。人比想法更重要，用皮克斯的话来说："如果你把一个好的创意给一个平庸的团队，那他们会把创意搞糟；但如果你把一个平庸的创意给一个出色的团队，那他们会把创意修正好。"

你可能觉得这里谈到所有关于团队的内容都无助于设计——的确，如果说团队里的其他人都不做自己的工作，那团队对你这名设计师来说真的没什么关系。但所有和游戏相关的内容都是要制作出来的，因为每个接触到游戏的人都会对设计施加一定的影响，你需要把团队里的每个人都拉到一起，只有这样，你的设计构思才能实现。

思考与练习

围绕实践制作游戏策划书，合理分析项目的可行性和评估开发成本，保障项目顺利开发，让我们一起进行以下深入的思考与练习：

1. 游戏策划书的制作

以一个你熟悉的游戏为例，撰写一份简要的游戏策划书，包含章节提到的所有要素，如游戏概述、游戏机制、角色和物品等。思考如何确保游戏策划书信息清晰、易懂，并能够指导开发团队进行有效的执行？在撰写游戏机制时，如何平衡详细描述与足够的创作自由？

2. 可行性分析的应用

选择一个游戏创意，进行可行性分析，关注市场情况、目标玩家群体、预期盈利模式和整体框架。思考如何在市场分析中验证游戏概念的可行性？盈利模式选择将如何影响游戏的设计和开发？

3. 项目计划与管理

制订一个假想游戏项目的详细工作计划，包含项目范围分解、任务分配以及评估工作量和时间表。在项目计划中，合理分配资源与人力，优化开发效率。

4. 开发费用预算

根据一个基础游戏开发项目，创建一个预估的开发费用预算表，考虑人力成本、工具成本以及可能的额外费用。思考开发费用预算如何在项目的不同阶段进行调整和优化。

5. 团队交流的关键要素

模拟一个游戏开发团队的交流方案，重点关注团队交流中的九个关键要素，确保信息流动顺畅和团队协作高效。

这些练习旨在通过实践应用和深入的反思，提升你的游戏策划和项目管理能力。

第 11 章
迭代改良

11.1　原型制作

　　游戏设计原型不限于任何形式，它存在的最重要的意义就是将你的想法付诸实践。所以无论你是用纸面原型，还是视频，还是积木，只要你可以快速实现你的目标，你就可以去使用它。它可以帮助你快速证明一些想法，它们就是你游戏的草稿。

　　使用游戏原型的方式取决你的游戏核心，它是以视觉表现为核心，还是游戏机制为核心。如果是以视觉表现为核心，你可以使用视频为原型来对游戏进行一个直观感受的表达。如果是游戏机制，你可以搭建出运行这个机制的系统，比如纸面原型。纸面原型最大的优点是修改起来非常快，你可以快速进行迭代测试（图 11-1）。任何设计想法都可以放进游戏中，以此来观察这些设计会带给你的游戏一种什么样的改变。哪些设计会带来正面的作用，哪些设计会带来负面的作用。也许正是那些你即将抛弃的创意反而会带来非常好的效果。而那些你认为绝妙的创意可能会影响到你游戏的核心体验。同时我们可以通过原型测试提供给"其他玩家"进行测试。在这里你可以观察到你的游戏是否满足目标用户的需求，他们是否觉得有趣。

图 11-1　原型制作的五个步骤

　　游戏制作是非常耗费资金且耗费时间的。所以最好先弄清楚要做什么，而游戏原型就是帮助你实现这个目标的工具。原型可以帮助你将脑海中的游戏变成实际的体验，从而来帮你正确且高效地验证游戏设计，这是至关重要的。越早地做出一个能玩的东西，才能越早暴露出问题，才能在进行庞大的开发之前解决掉那些烦人的问题。才可以让你知道更多的缺陷，并且还有可能让你产生新的灵感和创意。

重新认识你的创意和灵感

　　每个人都会有灵光一现的时刻，将它记录下来并探寻其本质。然而正确地认识自己的想法是一件很不容易的事情。我们需要站在较为客观的角度，才能正确地认识自己的想法。接下来给大家提供两种我在设计时候防止自己进入偏执状态的解决方法。

通过已知游戏冷却大脑

　　根据你的创意来为它寻找对应的游戏。在游戏设备不进行变革的情况下（例如最近 VR/AR 设备的兴起，算是一种技术变革了），现在 99% 的游戏类型已经被开发，你的任何一个创意和灵感都有可能已经被实现。所以你需要多玩游戏，玩各种类型的游戏来扩充你的经验储备。这里必须强调一件事情，你要像一个设计师一样去玩，去思考为什么这个地方吸引了你且让你觉得有趣，而另一个地方让你觉得无聊。这背后的游戏机制是什么样的？这个设计师是否使用了一些掩人耳目的手段蒙蔽了你的眼睛并欺骗了你的思想来达到一个好的游戏体验。如果你玩的游戏不够多，也可以根据关键字去搜索，看是否有此类型的游戏，尽可能将它们找出来。其次，也可以在生活中寻找是否有对应的情感体验。

找他人诉说你的想法

你一定有几个"损友"对吧，是时候"利用"起来了。当你在对别人介绍你的创意时，你经常会发现，当你说出来时，你自己都觉得似乎并没有想象的那么有趣（图 11-2）。而倾听的人通常会站在客观的角度来分析，特别是你的损友一定会想尽一切办法来打击你从而使他们获得快感。先不要着急，听听他们是怎么说的，你也许会获得意想不到的收获。

图 11-2　诉说你的想法

当你从兴奋的状态下冷静下来时，第一个要思考的关键点就是为什么那一瞬间让你如此兴奋。它被什么样的迷雾遮挡了，让你不容易看见它。内在的情感是什么，基本规则是什么。带给你幸福的积极元素有哪些？对这个创意想法进行分析，将其分解成一个个简单的元素。举例思考：为什么恐怖片让人心惊胆战，还会有那么多人忍不住去观看？

化繁为简，找到核心元素。通常一个创意会被分解成数个简单的元素，这个时候你就要问自己。当这个元素去掉后，会对你的兴奋状态有影响吗？如果没有影响，你就需要暂时去掉它。这么做可以让你清楚地找到这个创意的本质。而被你暂时去掉的元素，只是暂时去掉而已。它们是创意很好的催化剂，接下来的设计中还是会用到它们。

将元素转化成规则

已经有了这些核心的元素，它们就是你作文的命题，接下来你就要在这些核心元素的范围内来搭建一个完整的游戏方案。正所谓，太极生两仪，两仪生四象，四象生八卦，八卦生万物。

头脑风暴是一个很好的解决问题的方法，你要时刻记住，头脑风暴最主要的目的是让思维碰撞，迸发出更多有趣的点子。所以会导致负面情况发生的事情我们都要避免。比如在这个过程中，不要去评论或否定别人的想法。一个不成熟的想法总是会有漏洞，但是它可以成为生产另一个点子的桥梁，你要做的就是通过这个桥梁找到另一个好的想法。当结束后再去考究它们的质量和价值。

现在你已经有了一堆的点子。它们都不错，可是现在你无法将它们全部实现，需要对它们进行筛选。我通常会根据以下 5 个方面来评估：技术可行性、美术可行性、商业化价值、时间、团队实力。

技术可行性：这个点子是否存在技术壁垒，无法实现？如果是，是否可以通过一些其他手段达到同样的效果？

美术可行性：这个点子是否需要强大的美术支持，游戏的硬件是否可以承受，以及制作周期和成本？

商业化价值：这个点子是否迎合现在的市场，是否可以简单地商业化？

时间：实现它是否需要较长的时间，性价比如何。会比其他同级别的好点子花费的时间更少吗？

团队实力：整个团队成员的配备如何，以前经历过磨合吗？这个点子是否可以被驾驭？

经过筛选后，你游戏的整个框架已经渐渐清晰起来，现在你可以对它们进行描述，从而形成一个大家看了都知道游戏怎么玩的简单文档。但是现在它们还不够完善，接下来你就可以对它们进行细化，撰写功能规则文档。这个文档不要花费过多的精力来达到面面俱到，它主要是帮你或者团队来完善脑海中的游戏。这个阶段，你可以找到和你游戏类型相似的游戏进行分析，观察他们在细节上的处理，询问自己为什么这么做，你的点子和他们有什么不同，结果会如何。这样做可以节省很多的时间。

然后你要做的就是快速将它实现并进行验证。使用手头上的任何资源来建立你心目中的模型进行测试。一款游戏好玩与否，只有你真正地玩过这款游戏才能做出真实判断。当你开始做这件事情的时候，你对这个游戏的理解就会越来越清晰，并迸发出更多的灵感。

测试，迭代，进化

使用原型来验证你想法的过程就是一个迭代测试的过程，在这个过程中，你会不断加入新的想法和要素，同时将那些无趣的内容剔除出去。在进行迭代的过程中，你可以将之前抛弃的一些想法进行再利用，看这些想法在原型中是否有促进作用。在制作过程中你会渐渐发现一个有趣的现象，不同的想法和规则影响游戏是不一样的。我将它们进行归类，称之为核心规则概念，解释如下。

核心规则

核心规则是可以体现出游戏核心元素的规则，游戏中就算只保留核心规则也可以满足你的体验。举例，如《魔兽世界》中战斗就是核心规则，如果去掉了战斗就会发现游戏无法运转起来了。

特性规则

这些规则可以增加游戏的乐趣性、丰富度或是便利性。但是去掉之后游戏同样可以运转起来。举例，比如《魔兽世界》中坐骑就是一个特性规则，它可以使我们的移动速度更快，可以去一些平时无法到达的地方。但是我们发现，如果你将坐骑系统去掉，我们同样可以进行游戏。

外围规则

这些规则基本上不影响游戏，大部分情况可能是为了开发者，或是运营商服务。比如一些单机游戏的控制台，每日签到等。测试是一件非常重要的事情，它将贯穿你的整个游戏设计过程。因为只有通过测试你才会理解你的游戏到底有哪些方面的不足。你才可以站在玩家的角度上来设计你的游戏，从而更接近你的目标。

一款游戏立项之初就决定了它的高度，你一定不想在开发进程接近尾声时才发现你的游戏核心很无聊，所以在一开始就要做足努力。

11.2　高效率研发技巧

众所周知，优秀的原型制作对高质量的游戏开发是至关重要的。以下的这些技巧能有助于为你的游戏做出最棒且最有用的原型，如图 11-3 所示。

图 11-3　原型制作技巧

原型制作技巧 1：回答一个问题

每一个原型都应该是为了回答一个问题而设计，有时候会为了回答多个问题而设计。你应该能清晰地陈述出这些问题。假如你做不到这样，那你的原型就真的很危险了，它很可能只是一项浪费时间的无用功。一个原型可能会回答如下问题。

- 从技术角度来看，在我们的一个场景里能支持多少运动的角色？
- 我们核心的游戏玩法有趣吗？它能长时间保持有趣吗？
- 从美感上来说，我们的角色和背景设定相互符合吗？
- 这个游戏需要多大一个关卡？

你要抵制住把你的原型做得过分精致的诱惑，把注意力只放在关键的问题上，点到即止则可。

原型制作技巧 2：忘掉质量

任何一类游戏开发者都有着一个共同特征：他们对自己做出来的东西都很在意，希望能做得尽可能好。于是自然而然地，很多人觉得做出一个"快捷简陋"的原型和他们的理念完全格格不入。结果美术人员会把大部分的时间都花在前期的概念草图上，程序员会把过多的时间花在一段必定丢弃的代码上。当制作原型时，唯一要关心的是它能不能回答你设定的问题。即使最终出来的原型看起来很粗糙简陋几乎不能算作是作品，但只要能快速回答那些问题就很好了，如图 11-4 所示。事实上，对你的原型进行精心打磨可能会让事情变得很糟。相比于精心打磨过的原型，那些看起来粗糙简陋的原型会更容易让玩家测试人员（或其他同事）发现其中的问题。你之所以做原型就是因为原型可以帮助你找出问题并尽早解决问题，而一个精心打磨的原型实际上会隐藏真正的问题，这样就破坏了你的初衷。

图 11-4 《守望先锋》中法拉的设计草图

倜若你制作的原型能回答你的问题，那即使它看起来很糟，结果也会变得越好。

原型制作技巧 3：别对它太依恋

在《人月神话》里 Fred Brooks 陈述了很有名的一点："只要计划好要抛弃它，无论如何你都会做到的。"他在这里的意思是无论你喜不喜欢，你系统的第一个版本都不会成为一个成品，它实际上只是在你用"正确的"方式做出你的系统后就会抛弃的一个原型。事实上，你可能会抛弃很多很多的原型。缺乏经验的开发者通常会在这个过程上度过一段艰辛的时光——这让他们感觉自己很失败。在你进行原型制作的工作时，头脑里要时刻记住，你在原型里所做的一切都是临时的——唯一关键的是回答你的问题。要把每一次原型的制作都看作是一次学习的机会，就像是为做出"真正的"系统在练习那样。当然，你也不会抛弃所有的东西，你会留下某些能用的部分，把它们组合在一起，让其他部分变得更棒。这个过程可能会很痛苦。正如设计师妮可·埃普斯（Nicole Epps）曾经说到的："你必须学会如何去抹灭你的'胎儿'。"

原型制作技巧 4：对你的原型区分优先级

当做出了风险清单后，你会意识到需要做出多个原型来减小所面临的风险。在原型制作前要做的一件事是对它们设定优先级，如此才能第一时间面对最大的风险。还应该考虑它们各自的依赖性——假如某个原型的结果有可能使得其他原型变得无意义，那这个"处于上游的"原型无疑是最高的优先级。

原型制作技巧 5：高效地并行开发原型

同时开发多于一个的原型能够节约很多时间，也意味着可以进行更多的迭代改良。当系统工程师在制作原型来回答技术上的问题时，美术人员也能做一些美术原型，游戏脚本人员也能做一些玩法上的原型。设立多个小型独立的原型能帮你更快地回答更多问题。

原型制作技巧 6：原型不是非得电子版的

你的目标是尽可能有用且频繁地完成循环。因此，假如无须软件也能做到的话，为什么不尝试一下呢？如果你很聪明，你完全可以把你那奇特的视频游戏创意构造成一个简单的桌面游戏原型，或者是我们经常提到的"纸上原型"。为什么要这样做呢？因为做一个桌面游戏是很快的，而且通常能找到相同的游戏玩法。这能让你更快地发现问题——原型制作中大部分的时间都在寻找问题以及寻求如何修正问题，因此纸上的原型制作的确能节省很多时间。假如你的游戏是回合形式的，那做起来就更容易了。《卡通城在线》的回合制战斗系统是以一个简单的桌面游戏来原型化的，这让制造者对各类攻击和各种连锁做了仔细的平衡。制作者还在纸上和白板上去跟踪生命值的走向，一遍又一遍地玩这个原型，不断地增减各种规则，直到游戏看起来足够平衡时，才开始尝试为它编码。

即使是即时游戏也能用纸上原型玩起来。这类游戏的其中一部分是可以转化成回合制模式的，并且依然能保持其游戏核心玩法。对其他的游戏来说，你也可以即时地去玩。而达成这点的最好办法是让其他人来帮你。我们来看如下两个例子。

俄罗斯方块：纸上原型

假如想做一个俄罗斯方块的纸上原型。那你可以剪出一些小的卡片块，把它们堆成一堆。让某个人随机从中抽取，然后沿着纸板（用一张硬皮纸在上面绘制出边框）让它们滑下来，当你抓住它们时，你可以旋转它们。至于消除哪一行就需要发挥你的想象力了，或者是停止游戏，用一把剪刀来剪去那一行的卡片块。这可能不是完美的俄罗斯方块体验，但它已经足够接近了，足以让你看清楚是否具备了各种合适的形状，也足以让你感觉到这些方块应有的下落速度。并且完成这整套东西只需要 5 分钟左右就可以了。

毁灭战士：纸上原型

有可能为一个第一人称射击游戏做一个纸上原型吗？当然可以！只是你需要不同的人去扮演 AI 角色和其他玩家而已。在一张纸上画出地图，用小片的纸块来代表不同的玩家和怪物。你需要用一个人去控制每个玩家，用一个人去控制每个怪物。你还可以设定一些基于回合的规则，定下如何移动和如何射击，甚至是用一个节拍器来控制！在网上是很容易找到免费的节拍器的。你可以把节拍器设置为每隔 5 秒钟跳一次，然后制定一条规则，在每一跳的时候可以把纸块移动一平方。当视线触及时，你可以对其他玩家或者怪物进行射击，但每一跳只能射击一次。这样玩起来会感觉很慢，但这的确是一件好事，因为它让你有时间去思考哪些东西是有用的，哪些东西是没用的。你可以很好地感觉到你的地图应该有多大，走廊和各个房间的形状该是怎样才能让游戏有趣，你的各种武器的属性该是什么样的，以及其他的东西——你能较短的时间里完成所有这些事情！

原型制作技巧 7：挑选一个"快速循环"的游戏引擎

软件开发的传统方法在某种程度上就像烤面包那样：

- 编写代码
- 编译和连接
- 运行游戏
- 去游戏中找到你想测试的部分
- 再回到步骤 1

假如你不喜欢烤出来的面包（也就是你的测试结果），唯一的选择是重新开始整个过程。这会使整个流程变得非常长，尤其是对大型游戏来说。通过选择一种有着对头的脚本系统的引擎，你能在游戏运行过程中对代码进行修改。这让所有事情变得更像在用黏土进行创作——你可以不断地修改做出来的作品。

- 运行游戏
- 去到游戏中找到你想测试的部分
- 测试一下
- 编写代码
- 回到步骤 3

通过在系统运行过程中重现编码，你能够在每天进行更多的循环，并使游戏的质量也相应提升。你可以用 Scheme、Smalltalk 和 Python 这几种语言来操作。假如你担心这些语言运行太慢，那你大可以用多种语言去编写游戏代码：对于那些不需要太多修改的底层部分，用速度较快但静态的语言去编写（例如，Assembly 或者 C），而对于上层部分则用较慢但可以动态修改的语言去写。这可能需要一定的技术才能实现，但这是值得的，因为它让你利用了循环的规则的优势。

原型制作技巧 8：创造玩具

回顾第 3 章里讲述的内容，我们阐明了玩具和游戏的不同。玩具是因其本身的属性很好玩。而游戏有着很多目标和更丰富的体验，尽管如此，我们永远不要忘记很多游戏是在玩具的基础上做出来的。一个球是一个玩具，但篮球就是一个游戏了。一个会跑、会跳的角色是一个游戏，但大金刚就是一个玩具了。你需要确保这个玩具在你围绕它设计出一个游戏之前，它是玩起来很有趣的。当你真正做出这个玩具时，你可能会对它的某些地方产生浓厚的兴趣，从而产生出这个游戏的一整套新的创意。

游戏设计师大卫·琼斯（David Jones）在他设计游戏《疯狂小旅鼠》（*Lemmings*，图 11-5）时，他的团队就是遵照这个方法来制作游戏的。他们觉得做一个有着很多小生物四处游荡地做着各种不同的事情的世界很有趣。他们不确定这样的游戏会是怎么样的，但这个世界听起来很有趣，于是他们就着手做了。当真正在玩这个"玩具"时，他们开始慎重地讨论应该围绕着这个玩具构造一个什么样的游戏。琼斯引用了《侠盗猎车手》（简称 GTA）开发的相似例子来说明："GTA 并不是设计成我们看到的 GTA 那样，它只是被设计成一个媒介，一个鲜活逼真的、玩起来有趣的城市。"当这个"媒介"开发完成时，整个团队都觉得它是一个很有趣的玩具，结果就为它做出了一个游戏。他们意识到整座城市就像一个迷宫那样，于是他们从一些他们认为不错的游戏里借用了迷宫的游戏机制。琼斯解释道："GTA 的设计

图 11-5 《疯狂小旅鼠》

来源于吃豆人。那些小点也就是小人。我自己是在小小的黄色汽车里的，而吃豆人里的幽灵也就是 GTA 里的警察。"

当你先做出了玩具，然后再提出整个游戏的制作方案，这样你便能从根本上提升整个游戏的质量，因为这样能使得它在两个层面上都是有趣的。进一步而言，假如你的玩法是基于玩具中最有趣的部分而设计的，那这两个层面将会尽可能的互相支持。游戏设计师通常都会忘记考虑玩具这一重要视角。

不要再思考玩你的游戏的时候有没有趣，而是开始思考拿着它来玩有没有趣。问一下自己以下的问题。

- 假如我的游戏没有任何的目标，它从根本上还有趣吗？假如是无趣的，那如何才能改变它呢？
- 当人们看到我的游戏时，他们会在了解到要做什么之前就想去和它交互吗？假如不是这样，如何才能改变它呢？

有两种利用玩具的制作技巧来设计原型的方法。一种方法是把它用在已有的游戏上，用它来确定出如何添加更多像玩具那样的特性——换句话说，是让它如何变得更加平易近人，如何让它在操纵时更有乐趣。而第二种方法，也是最勇敢的方法，是在你还没想到要做一个什么样的游戏之前先发明和做出新的玩具。假如你会受到计划的限制，这样做是很有风险的——但假如你不受限制，那这会是一个很好的"探矿杖"，能帮你设计出在其他情况下无法想象出来的很精彩的游戏。

11.3 循环

在 20 世纪 60 年代，那时候软件开发还是相对崭新的行业，当时的领域里还没有什么正规的流程方法。程序员只是对他们开发的时间进行猜测，然后就着手编码了。通常这种猜测都是错误的，结果很多软件项目因为超出预算而悲惨地结束了。到了 20 世纪 70 年代，一些开发者（通常都是在非技术管理者的要求下）对这种不可预期的过程，他们尝试去采用软件开发里的"瀑布模型"，这是软件开发经常采用的一种具有 7 步的流程模型。它大体上看起来如下所示。

系统需求→软件需求→分析→程序设计→编码→测试→运营

这看起来的确很吸引人！7 个有秩序的步骤，且当每一个完成时，没有漏掉任何东西地移到下一步——"瀑布"这个名字正是意味着不需要任何迭代，因为瀑布一般都是不会往山上流的。

瀑布模型（图 11-6）有着一个不错的特征：它鼓励了开发者在开始编码之前把更多的时间花在计划和设计上。但除此之外它是完全没有意义的，因为它违反了"循环的规则"。管理者觉得它极具吸引力，但程序员明白这是极其荒谬的——软件太过复杂了，用这样一种线性流程是不可行的。甚

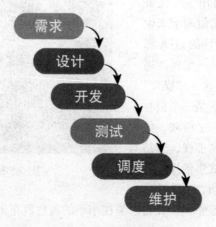

图 11-6　瀑布模型

至建立了这套体系的 Winston Royce 也不赞成以这种想法来看待瀑布模型。有趣的一点是，他原本的论文是强调了迭代的重要性的，而且强调了在需要时可以回到前面的步骤里。他甚至从来没用过"瀑布"这个词！但在各个学校和企业里都以这种线性方法来教授。整套模型被一群没有实际做过系统开发的人进行了错误传播。

当你做出了多个原型以后，剩下的工作只是对它们进行测试了，然后进行修改，再次开始整个过程。我们重新回顾一下之前谈到过的非正式过程。

非正式的循环过程如下。

（1）想出一个创意。

（2）尝试做一下。

（3）不断修改和测试，直到看起来不错为止。

如今我们让它变得更正式一点，正式的循环如下。

（1）陈述出问题。

（2）对一些可能的解决方案进行头脑风暴。

（3）选择一种解决方案。

（4）列出使用这种解决方案的各种风险。

（5）建立各种原型来减轻这些风险。

（6）测试这些原型。假如你觉得足够好了，那就停止。

（7）陈述出你想要解决的新问题，然后回到第 2 步。

在每一轮的原型制作过程中，你都会发现自己会更详细地陈述出各种问题。例如你被任命去开发一个竞速游戏——但这个游戏必须有一些新颖和有趣的地方。以下总结了整个过程中可能会经历各个循环。

循环 1 ："新型竞速游戏"
问题陈述：提出一种新类型的竞速游戏。

解决方案：在水底的潜水竞速（把鱼雷也用上！）

风险：

- 不太确定水底竞速赛道外观会是怎样的；
- 这可能感觉还不够创新；
- 技术上可能不足以处理所有的水特效；

原型：

- 美术人员着手设计水底赛道的概念图；
- 设计师基于对一些概念的理解（各种潜水艇会从水里冒出来飞行，发射追踪导弹、深水炸弹，玩家要竞速通过一片布雷区）进行原型制作（利用纸上原型且参考一个已有的赛车竞速游戏）；
- 程序员测试一些简单的水特效；

结果：

- 假如在水里有一个"色彩鲜明的路径"，那水底赛道看起来还可以。水底隧道也是很酷的！这样那些飞速前进的潜水艇会沿着轨道在水里出没！
- 假如潜水艇都很快并且容易操作的话，那早期的几个原型看起来都挺有趣的。这必然要把它做成是"潜水艇竞速"了，所以我们需要找一种方法来限制他们停留在空中的时间。我们做了一次玩家测试，发现这个游戏是必须支持联网的多人游戏。
- 一部分的水特效是比较容易做的。水花飞溅的效果看起来很棒，水底的泡泡也是。让整个屏幕都像在水里那样摇曳会占用太多的 CPU，而且在一定程度上会分散玩家的注意力。

循环 2："潜水艇竞速"游戏

新问题的陈述：设计一个潜水艇会飞起来的"潜水艇竞速"游戏。

详细的问题陈述：

- 不确定"潜水艇竞速"看起来怎么样。我们需要确定潜水艇和赛道的外观；
- 需要找一种使得潜水艇在水里和水外时间分布相对合理的平衡方式；
- 需要找出支持联网多人游戏的方法；

风险：

- 假如潜水艇竞速看起来"太卡通化"了，那它们会让很多年纪较大的玩家望而却步。假如它看起来太写实了，这类玩法看起来又会显得很无聊。
- 在我们弄清楚要在水里和水外花费多长时间前不可能去设计任何关卡，也不能为场景做任何美术。
- 这个团队从来没试过为竞速游戏做联网的多人游戏功能。不确定是否能做到。

原型：

- 美术人员需要绘画各种不同类型的潜水艇，它们要用多种不同的风格表现：例如卡通的、现实的、超现实的，甚至是活生生的生物潜水艇。整个团队会对此进行投票，我们也会非正式地调查身为目标受众的部分成员。
- 程序员和设计师会一起做一个非常粗糙的原型，让他们能体验和感受到应该在水里和水外花费的时间，以及为了达成这个时间分配的各种不同的机制。
- 程序员会为多人联网做一个粗略的框架，让它能处理这类游戏所需要的所有类型的隐患。

结果：

- 所有人都喜欢"恐龙潜水艇"的设计。不论是团队成员还是潜在的受众，他们都认为"会游泳的恐龙"在外观上和感觉上都很符合这个游戏。
- 在多次实验以后，明显发现对大多数的关卡来说，60% 的时间应该花在水底，20% 的时间花在空中，而另外 20% 的时间需要接近水面，在接近水面时玩家能积蓄好力量，以让它们积攒到更多的飞到水面上的速度优势。
- 前期的联网实验证明了竞速在多人游戏上基本是没什么问题的，但假如我们避免使用一些速射机枪的话，那多人部分会更容易实现。

循环 3 : "飞速恐龙" 游戏

问题陈述：设计一个"飞速恐龙"游戏，让恐龙在水底和水上竞速。

详细的问题陈述：

- 我们需要确定计划表能否排开各种恐龙所需要的动画制作时间；
- 我们需要为这个游戏开发数量"合适"的关卡；
- 我们要定出这个游戏用到的所有提升能力的方式；
- 我们需要确定这个游戏要支持的所有武器（并且由于联网方面的约束，避免使用速射机枪类武器）；

你可以注意到问题的陈述是如何逐步发展并如何在每轮里变得更加具体的。你还能注意到假如不这样做会让多少棘手的问题突然冒出来。如果团队早在这之前就尝试过所有不同的角色设计，那会怎么样呢？如果游戏里三个关卡已经设计和建模完成了，此时才注意到要防止玩家在空中待太长时间的问题，那会怎么样呢？如果机枪系统已经编码完成了，并且整套玩法机制都围绕着它，此时所有人才意识到它会破坏联网方面的代码，那会怎么样呢？这些问题都因为有着这些早期的循环而得以快速地定位出来。看起来只有两个完整的循环和第三个循环的开端，但其实只因为它很聪明地利用了并行开发，原本应该是 6 个设计循环的。

你还能注意到整个团队如何参与到重要的设计决策里。单靠设计师无法做到这点，大部分的设计都要经过技术和美感上的验证。

你可能很想知道在一个游戏完成前到底需要多少次迭代改良的循环。这是一个很难回答的问题，也正是这个问题使得游戏开发过程很难计划。循环的规则暗示了越多的循环能让你的游戏变得越好。因此正如英语中的一句谚语："工作是永远不会完成的——有也只能是放弃。"确保你已经经历了足够的循环的很重要一点是，在你花光整个开发的预算前，对做出来的游戏感到自信。

当你站在第一个循环的开端时，有没有可能较准确地估算出什么时候才能做出高质量的成品呢？这完全是不可能的。经验丰富的设计师在经历一段时间以后会估计出更接近的结果，但大部分游戏的发布都比它们原本承诺的时间要晚，或者是以低于原本承诺的质量来发布，这实际上都证明了没有任何办法能知道具体时间。为什么会这样呢？因为在第一个循环开始时，你是完全不知道将要做出什么的！只有在每一个循环后你才会更明确知道游戏实际会是怎么样，而此时才能让你更准确地估算出时间。

游戏设计师马克·赛尔尼（Mark Cerny）曾经为游戏设计和游戏开发描述了一个称为"The Method"的系统。"The Method"在"预制作"和"制作"（这两个词是引自好莱坞的）间还做了有趣的区别。他说在你完成了游戏中两个可发布的关卡，且完成了所有必须的功能前，你都是处于预制作阶段的。换句话说，直到你有了两个完全成品的关卡前，你依然在不断定义整个游戏的基础设计。一旦你到达这个魔法般的节点时，你就进入制作期了。这意味着你已经对你在做的游戏有了足够的认识，你知道你要怎么开发剩余部分了。赛尔尼指出达到这个点上通常已经投入 30% 的预算了。也就是说，假如你花了 100 万元人民币才达到这点，那很可能你要再花 230 万元人民币才能真正完成这个游戏。这是一个很好的准则，并且它很实际地给予你一种更准确的方式来计划好游戏的真正发售日期。

这里描述到的迭代原理可能听起来对游戏设计来说很特殊，但显然不是这样的。渐进的演进开发对任何一种设计来说都十分关键。

11.4 游戏测试

游戏测试作为软件测试的一部分，它具备了软件测试的所有特性：测试的目的是发现软件中存在的缺陷。测试需要测试人员按照产品行为描述来实施。产品行为描述可以是书面的规格说明书、需求文档、产品文件、用户手册、源代码或是工作的可执行程序。

- 游戏测试作为软件测试的一部分，它具备了软件测试的一切特性。
- 测试的目的是发现软件中存在的缺陷。
- 测试都需要测试人员按照产品行为描述来实施。产品行为描述可以是书面的规格说明书、需求文档、产品文件或是用户手册、源代码、工作的可执行程序。
- 每一种测试都需要产品运行于真实或是模拟环境之下。
- 每一种测试都要求以系统方法展示产品功能，以证明测试结果是否有效，以及发现其中出错的原因，从而让程序人员进行改进。

测试就是发现问题并进行改进，从而提升软件产品的质量。游戏测试也具备了以上的所有特性，不过由于游戏的特殊性，所以游戏测试主要分为两部分，一是传统的软件测试，二是游戏本身的测试，由于游戏特别是网络游戏，它是一个网上的虚拟世界，是人类社会另一种方式的体现，所以也包含了人类社会的一部分特性，同时它又是游戏所以还涉及娱乐性、可玩性等独有特性，所以测试面相当广。我们称之为游戏世界测试，主要有以下几个特性。

- **游戏情节的测试**，主要指游戏世界中的任务系统的组成，有人也称为游戏世界的事件驱动，我喜欢称之为游戏情感世界的测试。
- **游戏世界的平衡测试**，主要表现在经济平衡，能力平衡（包含技能，属性等），保证游戏世界竞争公平。
- **游戏文化的测试**，比如整个游戏世界的风格，是本土文化主导，如图 11-7 所示，还是日韩风格等，大到游戏整体，小到 NPC（游戏世界人物）对话，比如一个小家碧玉，她的对话就会比较拘谨。

图 11-7　本土文化为主导的《仙剑奇侠传 3》

很多人有这样一个观点："在软件开发完成后，再进行测试。"这种观点有悖于软件开发的生命周期，软件缺陷的发现必须是越早越好，这样才可以有效地规避风险，而在"最后进行测试"的测试观念的指导下，测试工作必将会产生很多问题，这种观念的错误在于：他们认为测试工作只发生在"测试阶段"。通常，到了测试阶段，测试的主要任务是运行测试，形成测试报告。而想要提高游戏的质量，则必须使测试较早介入，诸如测试计划，测试用例的确定以及测试代码的编写等都要在更早的阶段进行。如果你把测试完全放在最后阶段，就错过了发现构架设计和游戏逻辑设计中严重问题的最好时机，到那时，想要再修复这些缺陷将很不方便，因为缺陷已经扩散到系统中去了，所以这样的错误将很难寻找与修复，并且修改的代价也会更高。

要了解如何测试游戏必须了解如何做游戏，了解它的整个开发过程，只有这样才能真正测试好游戏。游戏要成功，其基本的必要条件有三个，分别为想象力（Vision）、技术（Technology）和过程（Process），这三个条件缺一不可。

想象力是对游戏还没有实现部分的整体把握，前瞻性的理解与策略的考量。

有了想象力，如果没有技术的话，则各种美妙的想法只能停留在虚无缥缈的阶段，因此，需要通过技术来实现想象力。

有了想象力作为指导，有了技术作为保证，也不一定能够把好的想法转换成高质量的游戏。要创造高品质的游戏，尚缺重要的一环，即过程，制作游戏是一个长时间的动态过程。游戏产品的质量则是要靠动态过程的动态质量来进行保证。过程由很多复杂的相互牵制的环节与部件组成，如果任意的环节或者是部件出了问题都会对最终的产品的质量有所影响。因此对这个动态的过程，一定要有规划与控制，以保证按部就班，按质按时完成工作。

游戏测试与开发过程的关系

CMM（Software Capability Maturity Model）软件成熟模型，大家对此都比较熟悉了，但在实施的过程中却存在这样那样的问题，对于游戏开发就更没有一条固定的路可以讲了。我们的团队是具有较长开发周期的游戏开发团队，对游戏开发有着很深的认识，我们认为游戏的开发过程实际上也是软件的开发过程，不过是特殊的游戏软件开发过程，各个生命周期还是相通的。所以我们总结出一套以测试作为质量驱动的、属于自己的开发过程。图 11-8 是游戏的迭代式开发过程。

图 11-8　游戏测试与开发过程的关系

由于网络游戏的生命周期也是三四年，所以采用迭代式的开发过程，既可以适应网络游戏本身这种长周期的开发，又可以利用 RUP 的迭代式开发的优点与 CMM 的里程碑控制，从而使游戏产品的全生命周期得到保证。

在游戏开发过程中，通过对软件的需求来进行分析的阶段会逐渐被策划所代替，但它们起的作用却是一样的，明确游戏的设计目标（包括风格，游戏玩家群）、游戏世界的组成，为后期的程序设计、美工设计、测试提出明确的要求。由于开发是一个阶段性过程，所以测试与开发的结合就比较容易，从图上我们可以看到测试工作与游戏的开发工作是同步进行的。每一个开发阶段中测试都进行了参与，能够深入了解到系统整体与大部分的技术细节，从而从很大程度上提高了测试人员对问题判断的准确性，并且可以有效地保证游戏系统的稳定。

游戏策划与测试计划

测试过程不可能在真空中进行。如果测试人员不了解游戏是由哪几个部分组成的，那么执行测试就会非常困难。而测试计划可以明确测试的目标，需要什么资源，进度的安排。通过测试计划，既可以让测试人员了解此次游戏测试中哪些是测试重点，又可以与产品开发小组进行交流。在企业开发中，测试计划书来源于需求说明文档，在游戏开发过程中，测试计划的来源则是策划书。策划书包含了游戏定位、风格、故事情节、要求的配置，等等。在策划评审中，高级测试人员可以参与进来，得到详细的游戏策划书，从里面了解到游戏的组成、可玩性、平衡（经济与能力）、形式（单机版还是网络游戏）。而在这一阶段的测试主要就是通过策划书来制定详细的测试计划，主要分三个方面：一是游戏程序本身的测试计划，比如任务系统、聊天、组队、地图等由程序来实现的功能测试计划。二是游戏可玩性的测试计划，比如经济平衡标准是否达到要求，各个门派技能平衡测试参数与方法，游戏风格的测试。三是关于性能测试的计划，比如客户端的要求，网络版对服务器性能的要求。同时测试计划书中还写明了基本的测试方法，要设计的自动化工具的需求，为后期的测试打下良好的基础。同时由于测试人员参与策划评审，资深的游戏测试人员与产品经理由于对游戏也有很深入的了解，会对策划提出自己的看法，包含可玩性、用户群、性能要求等并形成对产品的风险评估分析报告。但这份报告不同于策划部门自己的风险分析报告，主要是从旁观者的角度对游戏本身的品质作充分的论证，从而更有效地对策划起到积极作用。

游戏设计与测试

设计阶段是做测试案例设计的最好时机。很多组织要么根本不做测试计划和测试设计，要么在即将开始执行测试之前才飞快地补做测试计划和设计。在这种情况下，测试只是验证了程序的正确性，而不能验证整个系统中是否缺少东西或者出现的东西是否合适。而我们的测试则会很明确，因为我们的测试计划已经写得很明确，需要测试哪些游戏系统。但除此之外我们还需要了解系统的组成，而设计阶段则是设计系统的过程，所有的重要系统均用 UML 状态图进行了详细的描述，比如用户登录情况。

资深的测试人员要具备的一项基本能力就是可以针对 UML 的用例图、时序图、状态图来设计出重要系统的测试案例。因为只有重要系统的质量得到充分测试，游戏程序的质量才可以得到充分保证。

比如图 11-9 就是一个用户登录游戏系统的时序图。从这里我们可以很明确地了解玩家是如何验证并登录系统的，在这个过程中要与哪些对象进行交互。比如这里就是三个系统之间的交互，客户端（玩家部分）、网关、账号服务之间的一个时序变化关系，为了能够完整地对这个流程进行测试，我们必须设计出可以覆盖整个流程的测试案例，并考虑其中可能的非法情况。因为这个时序图只考虑了用户正常登录成功的情况，并没有考虑密码错误、通信失败等可能存在的情况，并形成完整的测试案例库，从而对登录系统的系统化测试做了充分的准备。同时通过这张图，性能分析人员还可以分析出可能存在的性能瓶颈。比如这里可能有的瓶颈如下。总网关可以达到多少用户的并发？如果达不到，是否可以采用分布式部署或是支持负载平衡？三者之间的网络带宽的比例分配，账号服务器是否可以承载多个网关的连接请求，最大连接请求可以达到多少，等等。同时会针对这些风险做性能测试的设计，并提出自动化测试的需求，比如模拟玩家登陆的压力工具，等等。

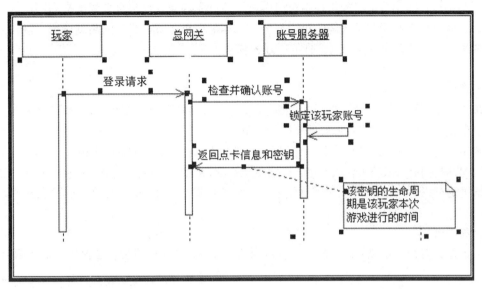

图 11-9　用户登录游戏系统的时序图

　　同时在设计评审时，测试人员可以对当前的系统构架发表自己的意见，由于测试人员的眼光非常苛刻，并且有多年的测试经验，可以比较早地发现设计上的一些问题。比如在玩家转换服务器时是否做了事务的支持与数据的校验，在过去设计中由于没有事务支持与数据的校验从而导致玩家数据丢失的情况，而这些风险是可以在早期就规避掉的。上面所说的是对游戏程序本身的测试设计，对于游戏情节的测试则可以从策划开始进行。由于前期的策划阶段只是对游戏情节大方向上的描述，并没有针对某一个具体的情节进行设计，进入设计阶段时，某个游戏情节逻辑已经完整形成了，策划可以给出情节的详细设计说明书，称为任务说明书，通过任务说明书我们可以设计出任务测试案例，比如某一个门派的任务由哪些组成。我们设计出完整的任务测试案例，从而保证测试最大化的覆盖到所有的任务，如果是简单任务，还可以提出自动化需求，采用机器人自动完成。

游戏测试与开发
　　一直有人认为开发与测试是不可以平行进行的，必须先开发后测试，但是软件的开发过程又要求测试必须尽早介入。在这里这种矛盾得到了很好的解决。我们采用了每日编译，将测试执行和开发结合在一起，并在开发阶段以编码—测试—编码—测试的方式来体现。也就是说，程序片段一旦编写完成，就会立即进行测试。普通情况下，先进行的测试是单元测试，但是一个程序片段也需要相关的集成测试，甚至有时还需要一些特殊测试。特别是关于接口的测试，像游戏程序与任务脚本、图片的结合，可以通过把每日你已经写好的程序片段拼接起来，形成部分的集成测试，从而有效地体现接口优先测试的原则。同时由于软件测试与开发是并行进行的，并且实行的是软件缺陷优先修改的策略，所以很少会出现缺陷后期无法修改的情况，并且由于前期的测试案例的设计与自动化工具的准备，我们不需要投入太多的人力就可以保证游戏软件的产品质量，特别是重要系统的质量。由于我们的游戏程序每日都在不断地完善，所以集成测试也在同步进行之中，当开发进入最后阶段时，集成测试也同步完成了。这里有一个原则，也就是我前面所说的，测试的主体方法和结构应在游戏设计阶段完成，并在开发阶段进行补充（比如在游戏开发中会有相应的变动，或是某个地址的变化，这就需要实时的更新）。这种方法会对基于代码的测试（开发阶段与集成阶段）产生很重要的影响，但是不管在哪个阶段，如果在执行前多做一点计划和设计，都会大幅度提高测试效率，改善测试结果，同时还有利于测试案例的重用与测试数据的分析，所以我们的测试计划应该在策划时就已经形成了，这样才能为后续的测试打下良好的基础。

集成测试阶段

集成测试是对整个系统的测试。由于前期测试与开发是并行的，集成测试已经基本完成，这时只需要将前期在设计阶段中就已经做好的系统测试案例运行一下就可以了。我们的重心在集成测试中的兼容性测试，由于游戏测试的特殊性，对兼容性的要求特别高，所以我们采用了外部与内部同步进行的方式，内部我们有自己的平台试验室，搭建主流的硬软件测试环境，同时我们还通过一些专业的兼容性测试机构对我们的游戏软件做兼容性分析，让我们的游戏软件可以在更多的机器上流畅运行。

游戏可玩性测试

可玩性测试是游戏最重要的一块，只有玩家认同，我们才可能成功。主要包含如下四个方面。

- 游戏世界的搭建，包含聊天功能、交易系统、组队等可以让玩家在游戏世界交互的平台。
- 游戏世界事件的驱动，主要指任务。
- 游戏世界的竞争与平衡。
- 游戏世界文化内涵和游戏风格体现。

这种测试主要体现在游戏可玩性方面，虽然策划时我们对可玩性作了一定的评估，但这是整体上的，一些具体到某个数据的分析，比如 PK 参数的调整，技能的增加等一些增强可玩性的测试，则需要职业玩家对它进行分析，这里我们主要通过四种方式来进行。

（1）内部的测试人员，他们都是精选的职业玩家分析人员，对游戏有很深的认识，在内部测试时，对上面的四点进行分析。

（2）利用外部游戏媒体专业人员对游戏作分析与介绍，既可以达到宣传的效果，又可以达到测试的目的，通常这种方式是比较好的。

（3）利用外部一定数量的玩家，对外围系统的测试，他们是普通的玩家，但却是我们最主要的目标，他们主要是一些大中院校的学生，主要测试游戏的可玩性与易用性，发现一些外围的 Bug。

（4）游戏进入到最后阶段时，还要做内测，公测，有点像应用软件的 beta 版测试，让更多的人参与测试，测试在大量玩家同时在线时的运行情况，如图 11-10 所示。

图 11-10 《梦间集》公测海报

性能测试与优化

最后要单独提一下性能优化，在单机版的时代，性能的要求并不是很高，但是在网络版的时代，则是完全不同的概念。性能测试主要包含以下几个方面：应用在客户端性能的测试、应用在网络上性能的测试和应用在服务器端性能的测试。通常情况下，三方面有效、合理地结合，可以达到对系统性能全面的分析和瓶颈的预测。不过在测试过程中有这样一个原则，就是由于测试是在集成测试完成或接近完成时进行，所以要求测试的功能点之间是畅通的，这时你首先要进行优化的是数据库或是网络本身的配置，只有这样才可以规避改动程序的风险。同时性能的测试与优化是一个逐步完善的过程，需要很多前期的工作，比如性能需求，测试工具等，不过这些工作基本上前期就已经完成了，这里我只做原则性的描述。

数据库优化的原则主要是这样的：首先是对索引进行优化，由于索引的优化不需要对表结构进行任何改动，所以是最简单的一种，而且还不需要改动程序就可以把性能提升若干倍。不过要注意的是索引不是万能的，若是无限增加，则会对增删改造成很大的影响。其次是对表、视图、存储过程的优化。不过在分析之前需要知道优化的目标，客户行为中哪些 SQL 是执行的最多的，所以我们必须借助些 SQL 的跟踪分析工具，例如 SQLProfile、SQLExpert 等工具，这样可以迅速定位问题。

关于网络的优化，这里所说的并不是针对网络本身的优化，而是对游戏网络通信的优化，所以它是与程序的优化结合在一起的。首先也是发现问题，通过 Monitor 与 Sniff 来定位是什么应用占用了较多的网络流量，由于网络游戏的用户巨大，所以这是一个很重要和工作量很大的问题。对于程序的性能优化，最主要的是找到运行时间最长的函数，只有优化它，性能才会有大幅度的提升。

游戏测试的流程

（1）玩游戏

a. 检测用户界面是否正确 / 流畅地显示

b. 检测游戏对按钮和鼠标的反应是否正确 / 流畅

c. 检测角色 / 物件的设计是否正确 / 合理

（2）确定 BUG，包括代码中的和设计中的 Bug

（3）详细地描述所遇到的问题

（4）报告测试小组 / 团队

a. 使用缺陷跟踪系统

b. 进行报告，如缺陷的详细描述、问题的优先级、解决建议等

c. 其他相关的有用资料，例如服务器的 LOG、屏幕拷贝、游戏闪存、测试系统所捕获的各种数据

d. 测试小组讨论

e. 对修复后的程序再次进行测试

数值测试

在游戏编程设计中涉及大量的数值计算，包括时间、距离、速度、数量、大小等，它们所涉及

的测试有，如图 11-11 所示：

（1）数值的默认值

（2）数值的列举

（3）数值的范围

（4）数值的边界

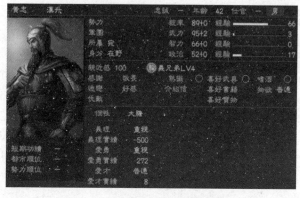

图 11-11 《三国志 13》黄忠的能力值

测试执行过程的三个阶段

（1）初测期——测试主要功能和关键的
执行路径，排除主要障碍。

（2）细测期——依据测试计划和测试大纲、测试用例，逐一测试大大小小的功能、方方面面的特性、性能、用户界面、兼容性、可用性等；预期可发现大量不同性质、不同程度的错误和问题。

（3）回归测试期——此时系统已达到稳定，在之后的每一轮测试中发现的错误已十分有限；复查已知错误的纠正情况，确认未引发任何新的错误时，终结回归测试。

游戏测试方案

我们先了解一下两个测试名词"黑
盒测试"和"白盒测试"，如图 11-12
所示。

黑盒测试也称功能测试，它是通
过测试来检测每个功能是否都能正常
使用。在测试中，把游戏程序看作一
个不能打开的黑盒子，在完全不考虑
程序内部结构和内部特性的情况下，

图 11-12 黑盒测试和白盒测试

在程序接口进行测试，它只检查程序功能按照需求规格说明书的规定是否可以正常使用，程序能否适当地接收输入数据并产生正确的输出信息。黑盒测试着眼于程序外部结构，不考虑内部逻辑结构，主要针对软件界面和软件功能进行测试。黑盒测试是以玩家的角度，从输入数据与输出数据的对应关系出发来进行测试的。很明显，如果外部特性本身设计有问题或规格说明有误，用黑盒测试方法是发现不了的。

白盒测试又称结构测试、透明盒测试、逻辑驱动测试或基于代码的测试。白盒测试是一种测试用例设计方法，盒子指的是被测试的软件，白盒指的是盒子是可视的，你清楚盒子内部的东西以及里面是如何运作的。"白盒"法全面了解程序内部逻辑结构、对所有逻辑路径进行测试。

基于黑盒测试所产生的测试方案属于高端测试，主要是在操作层面上对游戏进行测试；白盒测试所产生的测试方案属于低端测试，是对各种设计细节方面的测试。黑盒测试中不需要知道里面是如何运行的，也不用知道内部算法如何设计，只要看游戏中的战斗或者情节发展是否按照要求来进行就可以了。这种测试可以找一些对游戏不是很了解的玩家来进行，只要告诉他们要干什么，最后达到什么样的效果，并记录下游戏过程中所出现的问题就可以了。而白盒测试就需要知道内部的运算方法，比如 A 打 B 一下，按照 A 和 B 现在的状态应该掉多少血之类都应当属于这种测试。白盒测试需要策划人员自己来完成，因为内部的算法只有开发人员自己才清楚，而且策划是最容易发现问题并知道如何解决该问题的人。由于测试的工作量巨大，合理安排好测试和修正 BUG 的时间比例就显得十分重要了，否则很容易出现发现了问题却没有时间改正或者问题堆在一起无法解决的情况。测试设计应当在开发设计阶段就要完成，如果开发初期没有安排出合理的时间，那么最后的结果肯定是不停地跳票！

在测试方案中，设计人员要根据需要把黑盒测试、白盒测试有效结合在一起，并且按照步骤划分好测试的时间段。根据游戏开发的过程，测试大致可以分成单元测试、模块测试、总体测试和产品测试几个部分。单元测试一般集中在细节部分，主要是在游戏引擎开发阶段对引擎的构造能力和完善性进行检测。该部分的工作要求细致严谨，因为任何一点小的纰漏都可能在后期导致大量的 BUG 出现。这时要求程序开发人员与策划人员达到无隔阂的交流，策划人员要清楚该引擎任何一个功能单元的使用方法和效果，这样才能够保证在测试中能及时发现问题并指出问题的所在。

模块测试是在游戏开发进程中按照阶段进行的，每当一个模型产生后就需要对该部分进行一次集中测试，从而保证系统的稳定和完善。模块之间的接口测试也属于该部分的工作，就是说各个游戏模块之间如何实现过渡，数据如何进行交换都要进行严格的测试。往往在模块内部测试时一切正常，把模块拼装在一起后反而问题百出，这就需要在阶段性模块测试中及时解决！总体测试是属于比较高级别的测试，在游戏的 DEMO 基本完成后，要从宏观上把整个游戏合在一起，这就要求测试人员有控制整体进度的能力。最终的产品测试是保证游戏质量的最后一道关卡，要求大量的非开发人员对游戏进行"地毯式轰炸"！产品测试往往也会伴随一些市场活动，这就不在我们现在要讨论的范畴内了。

我们已经知道了测试过程分成几个阶段，下面就一起来看看具体包括哪些内容，如图 11-13 所示。

图 11-13　测试过程的 5 个阶段

（1）测试的时间分配。测试时间如何分配会直接影响到开发的进度，它包含测试时间、测试结果汇总时间以及修改错误的时间等几个部分。一般来说，开发人员认为只有测试时间才是需要分配的，其实合理地安排测试总结和修改 BUG 等工作也需要进行时间的分配，因为这些往往也是占用时间较多的工作！如果不进行测试情况汇总，项目管理者就无法弄清到底是哪些部分出了问题；不马上对发现的问题进行修改就会导致更多问题的产生。所以定期测试、发现问题、解决问题才是最合理的，把整个开发周期划分为几个阶段定期测试是对产品质量的保障！科学安排测试的时间能够用最少的代价解决最多的问题，否则把测试都堆积在最后的结果只会是一团糟！

（2）测试的人员安排。测试人员的选择和调配对游戏来讲是非常关键的。测试人员尽量不要选择游戏的开发人员，只有对游戏没有任何了解的人才能真正地发现程序或设计中的问题，虽然他可能对程序和游戏设计一点都不懂。如果能有一支专门的测试队伍当然是最好的，在经费和人员实在紧张的情况下把其他非开发部门的人借调一下也不失为一个好办法。

（3）测试的内容清单。这部分要求测试方案设计人员需要精心地考虑计算，尽量把测试内容精确到操作级。意思就是说最好细化到某测试人员点击鼠标几次这种程度，因为测试人员是对你的游戏内容一点都不了解的，只有你把任务全都明确后才可以得到预期的效果。只规定某人去玩这个游戏然后给予反馈是不负责任的做法，这种测试方案只能当作垃圾给丢到废纸桶里面去！要将每个测试人员的工作明确，用测试表格的形式来填写测试报告、签字并写清楚测试时间，才算是合格的测试方案。

（4）测试的结果汇报。最终测试报告汇总交上来后，策划人员要对全部方案进行评估并进行分类，把测试中发现的问题进行优先级的划分然后反馈给相关部门。对于问题特别严重的游戏要敢于要求返工，任何一点小问题也不能放过，严格地测试才能带来高质量的游戏产品，这个法则不仅适合于游戏，也适用于其他任何产业！

（5）开发的进度调整。要将由于测试发现的问题对进度的影响及时反馈给上级领导，然后马上更新项目进度表，并注明更改原因。开发进度的调整关系到很多部门的工作，所以最好在早期设计进度时就把测试时间预算进去，但实际上大多数情况下开发进度的变化是非常频繁的。如何修正进度但还不影响游戏完成的最终时间，对于任何项目管理人员来说都是一个挑战！

测试方案一旦确立，就只剩下烦琐和枯燥的机械工作了。测试是最痛苦的，但没有经过测试的游戏不可能成为产品，这也是国内大多数游戏因为要赶工期而 BUG 百出的原因所在。科学制订测试方案并协调好各部门之间的进度，对任何一个项目来说都是至关重要的事情，对于刚入门的游戏设计师来说，学会写测试方案也是必修的课程之一。

思考与练习

围绕游戏原型制作和测试，强调迭代改良的方法和循环，落实有效的游戏测试方案，让我们一起进行以下深入的思考与练习：

1. 原型制作与验证

选择一个游戏创意，使用原型制作的五个步骤，构建一个简单的游戏原型，并进行测试和改进。在原型测试过程中，你发现了哪些问题，又是如何解决的？

2. 核心规则的提炼

以一款你熟悉的游戏为例，分析其核心规则、特性规则和外围规则，解释这些规则如何影响游戏体验。思考如何平衡核心规则与特性规则之间的关系？

3. 高效率研发技巧的应用

在你的游戏开发过程中，尝试应用两个以上的高效率研发技巧，并记录其对开发效率和产品质量的影响。思考哪些技巧对你的项目最有帮助，为什么？

4. 循环开发模型的理解

比较瀑布模型和循环开发模型在游戏开发中的优劣，选择一个适合你项目的方法，并阐述理由。思考如何在实践中有效地应用循环开发模型。

5. 游戏测试方案的制定

为你的游戏项目制定一份详细的测试方案，涵盖功能测试、性能测试、可玩性测试等方面。思考在测试过程中，如何平衡测试的广度和深度？

这些练习旨在通过实践和反思，增强你对迭代改良和游戏测试的理解，提升游戏设计与开发的能力。

第 12 章 游戏设计师的责任

12.1 游戏是一把双刃剑

长时间游戏对人们心灵的影响引起过很大的争论。一部分人觉得它们不会产生持续的影响，只能带来瞬间的分心而已。还有一部分人觉得玩游戏是很危险的，它煽动玩家采取暴力，让玩家因为过度成瘾而摧毁了自己的生活。当然，也有一些人认为游戏是有积极意义的，它能成为 21 世纪教育的奠基石。游戏到底如何改变我们，并不是一个毫无价值的问题，因为其答案会决定我们在改变社会时——是往更好的方向发展，还是往更坏的方向发展。

游戏的艰苦工作：

（1）高风险工作：速度很快、多以动作为导向，用成功和惨败的可能性对我们施以双重刺激（例子：《终极狂飙了》，如图 12-1 所示）。

（2）重复工作：工作单调，完全可以预测，我们很乐于让自己的手脚和思维都集中在一项能产生明确结果的活动上（例子：《开心农场》，如图 12-2 所示）。

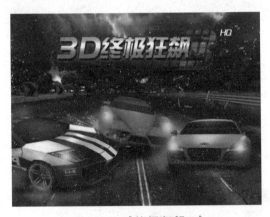

图 12-1 《终极狂飙 3》

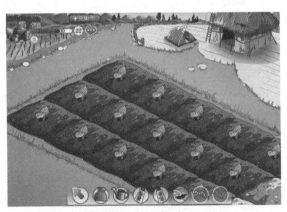

图 12-2 《开心农场》

（3）脑力工作：调动我们的认知能力，只要我们把大脑很好地利用起来，就能体会到奔涌而来的成就感（例子：填字游戏，如图 12-3 所示）。

（4）体力工作：这类工作让我们心跳加快，呼吸急促，汗水狂撒。如果工作足够辛苦，我们的大脑会分泌大量的内啡肽，使人自我感觉良好（例子：体感式游戏）。

（5）探索性工作：通过主动调查不熟悉的物体和空间带来乐趣，探索性工作让我们感到自信、强大，激励我们不断前进。

（6）团队工作：强调协力合作，为群体做出贡献。当我们

	叶	公	好	龙		亡			请
动	脉			卷		国	无	二	君
若		浮	夸	风		之			入
脱	臼		父		定	音	鼓		瓮
兔			追		军		楼	云	
		白	日	依	山	尽		雀	斑
花	木	兰		靠			抹		竹
袭		地	支		如		黑	金	
人	鱼		书	生	意	气		字	节
	雷	管		肖		象	牙	塔	

图 12-3 填字游戏

在游戏中治疗其他玩家时，总是倍感满足，因为我们知道自己在集体行动中发挥独特而重要的作用。

（7）创造性工作：做这类工作时，当我们做出有意义的决定时，就会为自己已经做好的事情感到自豪（例子：模拟人生）。

游戏为人类提供了大量的快乐，只有那些在哲学上走极端的人才会坚持游戏是有害的论点。社会上有很多积极的影响往往归因于游戏，如图 12-4 所示。

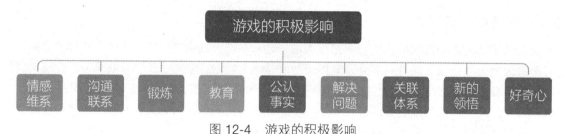

图 12-4 游戏的积极影响

情感维系

人类常常会参与到一些行为里，通过参与这些行为来尝试维持和控制自己的情绪以及情感状态，游戏是这些行为其中之一。人们玩游戏往往为了达到以下目的。

- **发泄愤怒和挫折**。体育运动会有着很多身体上的行为（例如足球、篮球），而视频游戏也有着很多快速行动和战斗部分，它是一个能让你能安全的世界中"把情感抽取出来"并宣泄出去的有效途径，如图 12-5 所示。

- **让自己高兴起来**。当一个人很消沉时，那些有趣并异想天开的游戏（例如 Cranium《马里奥派对》，如图 12-6 所示）能让你的大脑远离现实中的麻烦事，只去享受当下的快乐。

图 12-5 NBA2K ONLINE

图 12-6 《马里奥派对》

- **重获新的观点**。很多时候我们眼前的麻烦事都会被放大，导致我们看不到其他的事情。玩游戏能让我们一定程度上远离现实世界中的问题，如此当我们重回现实时能更容易看清它们的状况。

- **建立自信**。当在现实生活中失败以后，我们会觉得自己什么都不擅长了，继而感觉生活中的一切都不在自己控制之下。在玩游戏的过程中，通过自己的各种选择和行为最终走向成功时，能让你重新感觉到掌控感，有助于再次提醒自己："你是可以成功的，你对你的命运是有着控制权的。"
- **放松**。有时候我们无法完全消除自己的各种忧虑，无论是担忧的数量还是担忧的程度都无法减弱。游戏可以迫使我们的大脑参与到某样和我们的担忧完全不相关的事情上，让我们能逃离片刻，给了我们一点必需的"情感休息"时间。

虽然在冲着这些原因去玩游戏的时候，的确偶尔会发生事与愿违的情况（例如当你想要通过玩游戏来逃离现实的失败感时却在游戏中也不断地失败），但总的来说，游戏很好地完成了以上这些任务，一直协助我们保持情感的健康。

沟通联系

与其他人在社交上的沟通联系往往不是一件简单的事。我们每个人都有自己擅长或者了解的事但是我们却总会担心其他人可能无法理解或者不会关心这些事。游戏在这里能扮演"社会桥梁"的角色，让我们能与其他人进行交流。游戏可以引出交谈的话题，展现我们彼此间的共同点，并建立起各种彼此共有的记忆，这些因素结合起来使得游戏能很好地帮助我们与生活中重要的人建立和维持关系，如图 12-7 所示。

图 12-7 《魔兽世界》中"鱼别丢"的感人故事

锻炼

游戏——特别是体育运动——能让我们有理由和有动力去展开有益身心的身体锻炼。最近研究表明，精神锻炼也对健康有益，尤其是对老年人的健康有益。游戏解决问题的特征让它们能为身体上和精神上提供多种形式的练习。

教育

　　一些人认为教育是一件严肃的事，而游戏不是这样，所以游戏在教育上是没有立足之地的。但只要对我们的教育体系检视一下你就会发现它恰恰是一个游戏！学生（玩家）会得到一系列分配的作业（目标），这些作业都必须在指定日期前（时间限制）交到老师手里（完成）。他们会不断得到成绩（分数）的反馈，而作业（挑战）也会越来越难，直到学期结束时他们会面对一次期末考试（"怪物"），只有他们掌握了课程中的知识（技能），才能通过（打败）考试。那些做得特别出色的学生（玩家）会列在光荣榜（排行榜）上，如图 12-8 所示。

　　那为什么教育不像一个游戏呢？传统的教育方法往往不够精细、缺少感情投射、缺少快乐、缺少社区，并且有一条消极的兴趣曲线。马歇尔·麦克卢汉（Marshall McLuhan）说道："任何觉得教育和娱乐不同的人都还没弄懂这两者"，他说的正是这个意思。事实上并不是学习过程无趣，而是很多教育的体验设计得很糟糕。

图 12-8　儿童教育游戏《宝宝学数学》

　　那为什么教育类视频游戏和在教室里上课看起来完全是两回事呢？这有着很多原因，如下所示。

- 时间限制。玩游戏会花很长的时间，而且花的时间长短还是有变数的——很多有意义的教育类游戏都明显比一堂课的体验要长得多了。
- 步调不同。游戏优点在于它能让玩家以自己的步调去进行游戏。在学校的设置里，学生往往都是按照同一个步调去上课。
- 1965 年前出生的人并不怎么玩视频游戏，因此对他们来说视频游戏会显得有点异类。而直到这本书印刷之前，教育体系主要还是由 1965 年前出生的人支配和掌控着。
- 好的教育类游戏都是很难做的。要做出一个游戏能传达出完整的、可检验可评价的课程，同时还能不断吸引着学生，这是一件很难的事。更不要说需要涵盖在一个学期里的很多不同内容的课程了。

　　尽管有着这些挑战，游戏依旧是能够帮助教育的，但它还只是作为一项工具，并不能融于教育并形成一个崭新的、完整的教育体系。明智的教育者会用合适的工具来做合适的事——什么才是游戏在教育上最合适的工作呢？让我们来看看游戏的一些优势。

公认事实

　　人们想到利用游戏去做的第一个领域是用它来传达一些公认的事实，并使人们去记住这些事实。这之所以奏效是因为学习这些事实的过程是反复的并且很无聊的（例如背各省的省会、时区表、各种传染病的名字等）。我们很容易能把这些公认事实整合到游戏系统里，通过一些辅助奖励来让你渐渐掌握这些天生无趣的信息。特别是视频游戏，它能利用视觉元素帮助玩家掌握这些事实。虽然游戏比起直接记忆有着更好的效果，但目前它们还很少被用到这方面上。

问题解决

还记得我们对游戏的定义吗？游戏是用一种玩的态度去解决问题的行为。游戏在解决问题方面有着很明显的闪光点，尤其是在学生去展示自己把各种不同的能力和技巧整合在一起再进行运用的时候。基于这个原因，对一些需要在一个现实环境中使用到多种技巧的领域，其最终测试往往都会采用类似游戏的模拟方式，例如警察、救护工作、地质工作、建筑施工、管理工作，等等。

有趣的是，除去家庭作业以外，我们看到这一代人都是在各种复杂的视频游戏中长大的，这些游戏都需要玩家有大量规划、策略和耐心才能获胜。因此一些人认为游戏将使得这一代人在解决问题方面的能力比前面任何一代都要强——虽然这点是否是事实还需要进一步考证。

关联体系

有一样东西无疑是游戏最擅长教授的，以下这则古老的禅文印证了这一点。

禅僧百丈想要让一个僧人去开一座新的寺院。他对弟子说，谁能最巧妙地回答他的问题，我就指派谁去。他把一个装满水的瓶子放到地上，问道："谁能在不说出它的名字的前提下告诉我它是什么？"

百丈的首席弟子答道："没有人能把它说成是木拖鞋。"

灵佑是当时厨房的僧人，他把瓶子踢倒然后转身走开。

百丈笑道："我们的大弟子输掉了。"于是灵佑就成为了新寺院的主持。

大弟子知道他不能说出水瓶到底是什么的规则，于是他狡猾地说出它不是什么。但灵佑一直训练的烹饪是最实际的艺术，他清楚有些东西是不能用言语来理解的，它们必须被演示出来才能让人理解。

而交互式的演示正是游戏和模拟程序最擅长的地方。教育研究者往往会引用米勒的学习金字塔，如图 12-9 所示。

图 12-9 米勒的学习金字塔

在这个模型里，只有知识积累到一定程度后才能做这件事，而基于游戏的学习过程却把重点放在做的过程上。

授课、阅读和视频都有着线性的缺点，线性媒介很难把一个有着错综复杂关系的关联体系给表达清楚。想要理解这种复杂关联体系的唯一办法就是亲自去尝试一下。

以下是通过模拟才能了解到的关联体系：

- 人类的循环系统
- 大城市里的交通图
- 核反应堆
- 细胞的运作原理
- 濒于灭绝的物种的生态学
- 地球大气层的加热和冷却

那些仅仅只是读过这些体系的人和那些真正玩过这些体系的人对这个体系的理解是有着极大区别的，因为后者不仅仅了解到这些关联体系，而且还体验过。而体验的优点之一就是可以检验这些事物的极限并且突破它。比如多大的交通量会使得通勤时间长于正常通勤时间？什么情况会让南北极的冰帽融化掉？模拟能给予玩家失败的许可权，这是极具教育意义的（除去很有趣以外）——因为学习者不单单能看到失败，而且还能看到为什么会发生这样的情况，这样会让他们能明显领悟到整个体系的联系。

类似这样的一个例子是 Impact Games 做的一个叫《和事佬》（*Peacemaker*，图 12-10）的游戏。这个游戏是模拟以色列和巴勒斯坦之间的冲突的，玩家能选择扮演以色列的总理或者巴勒斯坦的总统，他的目标是让这两个国家和平起来。当这两国家的人对游戏进行测试时，他们往往在进入游戏时都相信只要对方做一些简单的事情就能让冲突结束了。然而当他们试着去玩另一边时，他们很快会发现事实不像他们所想的那么简单——在两边都有很多复杂的因素让冲突很难缓解下来。随后玩家会在好奇心的驱使下看看到底要怎么样才能让这两个

图 12-10 《和事佬》

国家都全力以赴地开战，当他们试过之后，他们又尝试去解决另一个很大的挑战：有没有可能和方法使两个国家和平相处？

有很多人不赞同对这样严肃的主题进行模拟，这些模拟看起来是不可能完美的。假如有人在模拟里发现某些方法是有效的，放到现实世界里便可能会引起混乱，那又该怎么办呢？基于这种原因，模拟往往更适合在导师在场的情况下进行，因为导师只是把模拟看作教学工具，因此能迅速指出其中的差别。值得注意的是人们并不会期望模拟是完全精确的，而且模拟上的漏洞往往是有一定积极作用的——这些漏洞会引起玩家思考："为什么这种情况没有在现实世界里发生呢？"这个问题会引领他们深度思考现实世界真正的运作机制。换句话来说，在某种情况下，有瑕疵的模拟会比完美的模拟更有益！

新的领悟

在电影《土拨鼠之日》里，如图 12-11 所示，比尔·默瑞扮演一个自私自大的角色，有一天他陷入了时间循环里，这迫使他必须一遍又一遍地过着同样的一天，直到他把一切纠正过来为止。当把这一天重复了很多遍以后，他感受到该如何和周围的人打交道，渐渐地他也越来越理解周围的人。这种理解让他慢慢改变了自己的行为，最终他把一切都纠正了过来，并走出了这个时间循环，而他自己也产生了改变。

图 12-11　《土拨鼠之日》

关联体系的模拟的重要之处在于它可以给予玩家新的领悟，让玩家用以前从未尝试过的方式来观察这些体系。游戏很擅长通过视角上的改变来引发出新的感悟，因为游戏本身就是一套全新的现实景观，里面有着一套全新的规则，在景观里你不再是你，你所扮演的角色完全是另一个人。这是游戏的一种力量，它是可以用来提升人们的生活的。我们往往说一个在贫民窟中长大的孩子的未来发展目标通常都比较低，因为他们完全无法想象出自己能在一个高报酬的事业里成功。但假如游戏能帮助他们想象到成功，让它看起来更触手可及，那情况会变成怎么样呢？如果游戏能帮助人们了解到如何避开辱骂，如何破除上瘾，或者教会人们如何当一名更好的志愿者，那又会怎么样呢？或许我们只是刚刚揭开了能改变生活的游戏的面纱而已。

好奇心

一般来说，那些有好奇心的学生会比没好奇心的学生更有优势，因为有好奇心的学生更可能去自学，并且他们通常会把自己已学的东西牢牢记住，因为他们是基于自己的意愿和兴趣而学的。从某种意义上来说，好奇心让你"拥有"了你自己的学习过程和学习成果。而最近互联网的不断发展把这个优势成千倍地提升。一个有好奇心的学生如今可以学他想了解的任何一个学科——人类已知的任何学科的所有信息只要点击一下就可以很快找到了。所以看起来很快会开始出现一个"由好奇心造成的鸿沟"，因为好奇心强的人很快会变成他们感兴趣的学科的专家，而没有好奇心的人会被远远甩在后面。可能在未来的几十年里，一颗充满好奇的心会成为一个人拥有的最宝贵的财富。

话虽这么说，但让人吃惊的是我们对好奇心的了解实在太少了。它是我们天生就有的还是后天学习的呢？如果它是能后天学习、后天培育，或者能后天强化的，那它应不应该成为一项优先级很高的课程呢？现在我们来回忆一下在第 3 章里对游戏的定义："一种放纵好奇心的操作。"假如把我们的教育体系往更偏游戏的模型去塑造和转变，那能让我们的孩子变得更好吗？

游戏对你有坏处吗？

一些人总是对新的东西感到害怕。这不是没有理由的：很多新的东西都是很危险的。当然，游戏和玩游戏都不是什么新的东西了，它们自从人类开始出现的时候就一直存在。的确，传统游戏都有着它们的危险，例如体育运动会造成身体创伤，赌博会导致财产损失，对任何娱乐的过度沉迷会使生活失去平衡。

但这些危险也不是什么新的东西了。它们都是我们很清楚的东西，而且社会上也有着各种方法来处理这些情况。真正使得人们——尤其是父母亲紧张的是新型游戏突然出现在流行文化中的潜在危险。父母亲总是会因为孩子们沉浸在一些他们没经历过的事情里而感到紧张。对于家长来说，这是一种不舒服的感受，因为他们不知道如何引导孩子，不知道如何才能让孩子安全。其中最引起人们关注的两个领域是暴力和成瘾（图12-12）。

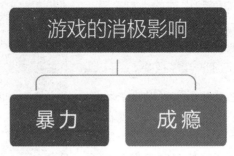

图 12-12　游戏的消极影响

暴力

正如我们讨论过的，游戏和故事往往会牵涉暴力主题，因为游戏和故事都是和冲突有关的，而暴力行为是解决冲突的最简单和最激动人心的做法。没有人担心在国际象棋、Go，或者是吃豆人那里会发生的抽象类暴力，人们大多只担心那些图像上可视的暴力行为。有一个小组曾尝试确定出母亲们将视频游戏定义为"太过暴力"的标准。从这些母亲的口中得知，《VR战士》是没问题的，但《真人快打》（图12-13）就不行了。它们的区别在哪里呢？区别在于血腥程度。事实上并不是游戏里引入的动作让他们忧虑（两个游戏基本上都会拳打脚踢对手的脸），而是图像上的血腥程度。血的成分让游戏变得吓人地真实，于是对这些受访的母亲来说，一个有着血腥画面的游戏会让她们感觉不合适孩子玩且充满危险。

但一直以来有很多没有带血的游戏也是应该引起我们注意的。《死亡飞车》（图12-14）是在1974年基于电影《死亡飞车2000》做的游戏，这个游戏会在玩家撞倒一些路人时给予奖励。当愤怒的家长们开始不断抗议为什么这个游戏会在当地街机厅里出现时，发行商试图让人们相信这些被撞的不是真的人，而是一堆你需要用汽车去撞死的"小鬼"。当时没有人相信，因为这种驾驶方式的危害太明显了。

图 12-13　《真人快打》的血腥场面

图 12-14　《死亡飞车》的暴力场面

DisneyQuest测试《加勒比海盗：巴肯尼亚金币之战》时，测试人员把家人带来玩这个游戏，被测试者当时的各种反应不会决定游戏的将来，但是测试人员都非常担心。因为这个游戏是你只要拿着加农炮不断拉动扳手，眼前的一切都会被摧毁得荡然无存。而科伦拜恩的校园枪杀事件刚发生完还不到一周（这起事件是在弗吉尼亚理工大学枪击案发生前，美国历史上最血腥的校园枪击案之一）。

然而让我们惊讶的是没有人把这两者关联起来，所有的被测试者都得到了很大乐趣。没有人觉得游戏太暴力了，即使测试人员在之后的面谈中特意问起这方面的问题。这是因为海盗的加农炮射杀的卡通外观的敌人离现实世界的真人还是相差很远的，因此这种暴力并未引起足够的关注。

我们知道人类可能会对血和血块麻木：医生和护士就是必须利用这点才能在外科手术中做出神志清楚的决定。军官和警官必须对此更进一步，他们必须面对受伤和杀人，因此他们能在各种场合下都清楚自己该在什么时候实施暴力行为。但这种麻木并不是家长所担心的——毕竟如果玩游戏能让人变成更好的医生或者执法人员，那基本上是不会引起什么负面关注的。但他们真正担心游戏暴力是因为在视频游戏中玩家看起来和变态杀人犯很像——毕竟这两者都是为了乐趣去杀人的。

不过暴力类游戏真的让这种心理变得麻木吗？还是说在这个过程中发生了一些其他的事情呢？正如我们之前讨论的，当一个人玩过的游戏越多时，他就越能看出游戏的美感（因为在图像上的暴力只是一种风格选择），越能把自己的心思放在游戏机制构成的世界里。即使他们控制的角色在到处杀人，但往往玩家想的不是愤怒或者杀戮，而是想着完善自己的技能、解决各种谜题，以及完成一些目标而已。尽管数不清的人在玩着暴力类题材的游戏，但极少听说有人因此要在现实生活中上演一场暴力游戏的故事。看起来一般人都擅长区分幻想世界和现实世界间的不同。除了那些在精神上病态或者有暴力倾向的人，我们大部分人都清楚：游戏始终是游戏。

但真正的关注点多数不是放在成人身上的，而是放在那些正在塑造世界观的小孩和青少年身上。他们能区分出游戏中的暴力与现实中的暴力吗？ Gerard Jones 在他的书 *Killing Monsters* 里说到，事实上一定程度的暴力性游戏不仅仅无害，而且还是促使心理健康发展所必需的。但它是有限度的，游戏里有一些画面和概念是孩子们还不能理解的，这也是为什么视频游戏的分级体系是十分必要的，只有这样家长才能对自己孩子能玩的游戏做出抉择。

那暴力类视频游戏会让我们变得更糟吗？心理学目前还是一个有瑕疵的学科，要让它给出一个最后答案未免太难了，尤其是对游戏这种还有着一定新颖性的事物来说。迄今为止，游戏看起来还没那么糟，但作为设计师来说，我们必须对此警惕。技术上的提升会使得越来越极端的暴力玩法变成可能。如果在没有警告的情况下或许我们会越过界限去做出真正让我们变糟的玩法。这对我个人来说看起来是不可能的，但如果说对整个行业都不可能就显得草率和不负责任了。

成瘾

人们对游戏的危害第二大担心是对游戏成瘾的担心，也就是说游戏玩得太多了，以至于干扰到或者影响到生活中其他更重要的事情了，例如，上学、工作、健康、个人关系等。这已经不仅仅是对玩游戏太多的关注了，因为毕竟任何东西（比如练习，摄入维生素）过了一定的度之后都是有害的。这种担心是对上瘾行为的关注，即使这些行为很明显有着伤害性的后果，但人们也无法戒除掉。

事实上设计师的确在不断寻求方法去做出能吸引我们大脑的游戏，也就是想做出让我们一直玩下去的游戏。当一个人对一个新的游戏感到兴奋时，我们常常会看到他们称赞道："我很喜欢它！它太过瘾了！"但其实这时并不是说这个游戏破坏了他们的生活，而是他们觉得有某种推动力会让自己继续玩这个游戏。

不过也有一些人因为在游戏上投入了太多的时间和金钱而让生活遭受苦难。现代的MMO都有着庞大的世界、复杂的社交网络以及多年才能完成的游戏目标，它们吸引了一些人陷入了自我摧毁的游戏模式里。

值得一提的是这种自我摧毁的游戏模式并不是什么新事物了。赌博就是存在多年的这类模式，只不过它是一种特例，因为它是基于外因的，而不是由于游戏内部的奖励才让人沉迷。不过即使没有金钱上的奖励，也有很多例子能够证明游戏能让人上瘾。最常见的例子就是学校的学生。史蒂芬·金（Stephen King）的小说《亚特兰蒂斯之心》谈的就是一群学生因为过度沉迷卡牌游戏而辍学，最终征募进入越南战争的故事（这是基于真实故事改编的）。在20世纪70年代，过分地玩《龙与地下城》会导致学业上有很糟糕的表现，而如今《魔兽世界》（图12-15）对很多学生来说也扮演着一种不可抗拒的诱惑角色。

图 12-15 《魔兽世界》

尼古拉斯·绮（Nicholas Yee）曾经对游戏的"不当用法"进行了一项很详细的研究，最终他认为对于不同的人来说造成他们最终上瘾并"自我摧毁"的原因是不同的。MMORPG成瘾的问题是很复杂的，因为不同的人会被游戏中的不同方面吸引，吸引的程度也是各不相同的，甚至可能还会受到外部因素的驱动而只是把游戏当作一个宣泄口。有时候是游戏把玩家吸引进来，有时候是现实生活中的问题把玩家推了进来。而现实往往是这两者组合促成的。我们不能把MMORPG看成成瘾物，因为有太多的原因能说明为什么人们会沉迷在MMORPG里面。如果你觉得自己沉迷了MMORPG，并且是你自己的游戏习惯导致了你现实生活中的问题，又或者你发现你身边的人的游戏习惯是沉迷和不健康的，那不妨考虑一下去找一个在成瘾问题上有相关经验和知识的专业顾问或心理专家。

不可否认对一些人来说这真的是一个问题。但问题在于游戏设计师能对此做些什么呢？一些人争论说假如设计师不做出这么容易让人沉迷的游戏，那问题就会自然解决了。但如果说设计师做出"太过吸引"的游戏是不负责任的话，那许多因为做出"太过美味"的菜品而导致人们吃得过多而引起肥胖的高级厨师就也是很不负责的了？当然，这对游戏设计师来说是义不容辞的，我们应该对做出来的游戏体验负责，要设法去让游戏结构促成生活的良好平衡。我们不能不顾这种问题，也不能假装这是别人的问题。这应该一直在我们脑海里，就像在宫本茂的脑海里那样——他常常为孩子们写下这样的文字：天气好的日子还是出去玩玩。

那游戏真的改变人们了吗？

我们整个游戏策划的过程不是在设计游戏，而是在设计游戏中的体验。而体验是唯一能改变人们的事物，有时候甚至以无法预料的方式去改变。当制作《卡通城在线》（图12-16）时，我们做了一个聊天系统，它

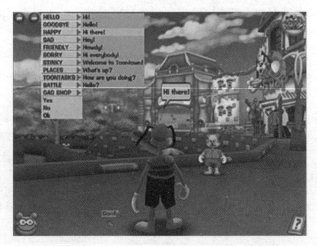

图 12-16 《卡通城在线》中的聊天系统

能让玩家从菜单里挑选词句从而实现快速地交流。在这个游戏里面，我们认为礼貌的交互是卡通城美感文化中很重要的一部分，而且我们觉得这种礼貌的交互行为能促成合作性的游戏玩法，因此大部分系统支持的词句都是称赞性和鼓励性的（例如"谢谢！""做得好！"等）。这和标准的MMORPG 文化形成了明显的对比，这些游戏里面有着大量的脏话，人们都尽可能地侮辱一起玩的玩家。在 Beta 测试阶段，让我们吃惊的是我们收到一封来自玩家的邮件。他说他一般都是玩《卡米罗的黑暗时代》的，最近开始玩《卡通城在线》。然而渐渐地，他发现自己把更多的游戏时间都花在《卡通城在线》上了，而玩卡米罗的时间越来越少。他烦恼的原因在于《卡通城在线》改变了他的习惯——他发现自己不再说脏话了，习惯了对那些帮助自己的人道谢了。这样一个给小孩子玩的游戏就这样把他的思维模式给改变过来了，这让他觉得很尴尬（但又不情愿地感谢我们）。

你可能觉得改变一个人的交流方式并不是什么了不起的事——但回头来看看前面暴力的问题，你想想到底什么是暴力。你要想的不是故事或者游戏里的暴力，而是现实世界中的暴力。在现实世界里，暴力很少是沿着特定结果的手段，更多是一种交流的形式——当所有交流方式都失效时的一种终极的交流形式，是一种为了告诉你"我要让你知道你刚刚伤害我有多重！"的手段。

我们直到现在才刚刚开始了解游戏是如何改变我们的。我们必须了解更多关于它们是如何改变我们的原理，因为我们了解得越多，我们越能改变我们的生活，使我们未来的生活变得更好。

12.2　游戏企划者的责任

游戏确实需要深入思考社会责任问题。游戏确实需要努力将我们对人性的认识应用到正规的游戏设计中去。游戏确实需要发展出一套术语，以便我们这一领域形成的共识能与大家分享。游戏确实需要在一些原则限制下推动，那些想把游戏变成纯粹娱乐的人和那些想把游戏变成纯粹艺术的人是没有区别的。

最重要的是游戏及其设计者必须认识到，艺术和娱乐是没有界限的。游戏是不会被抹黑的，它们也不是幼稚的、毫无价值的东西。

现在游戏产品中不少是有关暴力、权力和控制的。这并不是致命的缺陷，这只是因为娱乐与爱情、向往、嫉妒、自尊、长大成人、爱国主义以及其他微妙的概念是交织在一起的，同属于真实的生活。

尽管我们哀叹这个领域不够成熟，但也不能因为一叶障目而错过森林，核心问题在于如何避免性与暴力的浅薄化。

我们必须承认一个事实，那就是卡通画在描绘人类状态方面比游戏做得要好。游戏开发中有这样一个趋势，越来越多的游戏开发者会在游戏中加入道德信息。这种趋势通常采取的形式是在游戏叙事的关键分支点处添加道德尺度和不相关的道德选项之类的功能。

游戏设计师在尝试将此类道德内容整合到游戏玩法中时，会面临多种执行的挑战，想要执行这种做法需要更坚实的社会道德基础。

如果要获得成功，游戏只需要令人难以抗拒的激励因素和执行恰当的游戏玩法即可。很显然，多数人并不会考虑"提升媒介""制作更具社会责任的游戏"或者在游戏玩法或叙事中整合道德决定以向我们的受众提供更深层次的信息。这种想法并没有什么过错。如果这就是你目前的想法的话，鼓励自己继续保持这种想法。你的想法是对的，如果游戏只提供可玩性等内容，这完全没有过错。事实上，许多游戏甚至连可记忆内容都无法提供给玩家，对这些游戏而言，讨论更深层次的内容或许还为时过早。但是，事实上此类讨论已经发生了，每款整合此类功能的新游戏都是被讨论的焦点。有些人或许认为我们只要做好游戏开发的事情即可，少管社会道德的问题。

但从根本上来说，"如果要获得成功，游戏只需要令人难以抗拒的激励因素和执行恰当的游戏玩法即可。"这个观点是错误的。如果要使用更为准确的措辞，可以表达成："如果要获得成功，某些类型的游戏只需要令人难以抗拒的激励因素和执行恰当的游戏玩法即可。"但是如此一来，这种观点就肯定不能运用到广义的"游戏"层面上。

我们应当尽量将游戏媒介提升到一个新高度。应当通过制作有社会责任感的游戏来提升游戏这种媒介的社会地位（图 12-17）。

图 12-17　游戏企划者不应忘记自己的社会责任

简单地说，要制作出更具社会责任感的游戏，我们所需要做的就是学习，向成熟的艺术创造者学习。当我们将学到的理念、知识和技巧运用在游戏中时，我们就可以创造出更具社会责任感主题和信息的游戏。如此这般，我们就能够将整个游戏媒介推向一个新高度。

12.3　改变世界

自从人类社会形成开始，游戏就一直与我们如影随形。这里有一个古老的故事可以帮助我们认识游戏与现实世界的关系。

大约 3000 年前，在小亚细亚中西部，濒临爱琴海，位于今天土耳其的西北部，有一个古老的王国吕底亚（Lydia），吕底亚有一位聪明的国王阿提斯（Atys）。有一年，全国范围出现了大饥荒。起初人们毫无怨言地接受命运，希望丰年很快回来。然而局面并未好转，于是吕底亚人发明了一种奇怪的补救办法来解决饥饿问题。计划是这样的：他们先用一整天来玩游戏，只是为了感觉不到对食物的渴求。接下来一天，他们吃东西，克制玩游戏。依靠这一做法，他们一熬就是 18 年，其间发明了骰子、抓子儿、球，以及其他常见的游戏。

这就是游戏的伟大作用！

游戏是 14 个对现实生活的优秀补丁（图 12-18）。

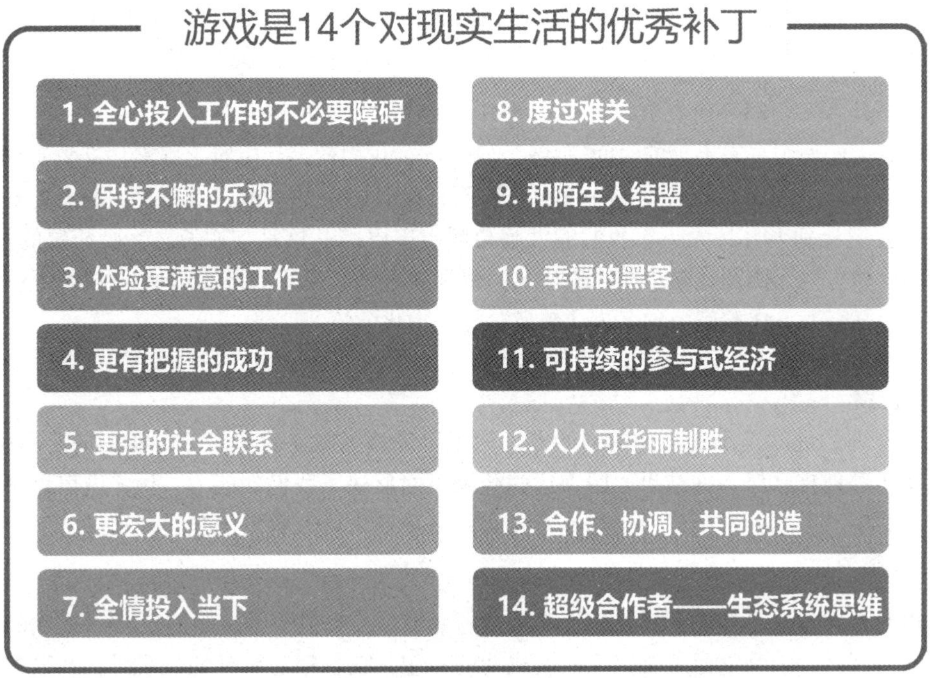

游戏是14个对现实生活的优秀补丁
1. 全心投入工作的不必要障碍
2. 保持不懈的乐观
3. 体验更满意的工作
4. 更有把握的成功
5. 更强的社会联系
6. 更宏大的意义
7. 全情投入当下
8. 度过难关
9. 和陌生人结盟
10. 幸福的黑客
11. 可持续的参与式经济
12. 人人可华丽制胜
13. 合作、协调、共同创造
14. 超级合作者——生态系统思维

图 12-18　游戏是 14 个对现实生活的优秀补丁

优秀游戏的构建机制

优秀的游戏是构建体验、唤起积极情绪的独特方式，是激发人们参与艰苦工作的有效工具。心流是令人振奋的一刹那，它让我们感受到了激励。一旦进入心流状态，人们就想长久地停留在那里，不管是放弃还是获胜，两种结果都同样无法让你心满意足。

有趣的障碍、更好的反馈、适应性更强的挑战都可以唤起更多的心流和自豪体验，让人欲罢不能。构成游戏的 3 大基本结构：自我选择的明确目标、个人最优化的障碍、持续不断的反馈。能最有效、最可靠地产生“心流”。

明确的任务

令人满意的工作主要是从两件事开始的：明确的目标和可操作性步骤。明确的目标激励我们采取行动：我们知道自己该做什么，而可操作性的步骤确保我们立刻朝着目标前进。

赋予人们一个具体的目标，或者一件可以去做又能保有期待的事情，能快速提高人们的日常生活质量。一旦确定的目标和特定的任务联系起来，我们就有了目的感，有了十足的动力。

Quest Log
A Threat Within
Abandon Quest
Share Quest
Exit

图 12-19　《魔兽世界》中的任务

《魔兽世界》（图 12-19）中，我们得到了很多的任务，游戏不停地用比

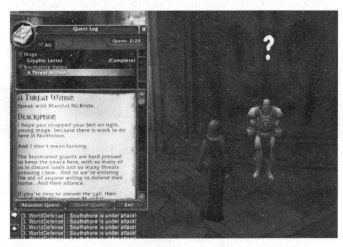

先前所完成的事情稍微难一些的任务向你发出挑战，激发你的兴趣和动机，同时又不会让你产生焦虑或能力差距感。

倘若我们处在一份时不时发放一些奖励的艰苦工作中，那我们会频繁地感受到幸福。比如：承担艰巨的挑战（比如用平常更短的时间完成一项任务），我们就会产生肾上腺素，这种激素让我们自信、精力充沛并且干劲十足；当完成一件对我们而言极其困难的事情，能让我们满意、自豪、高度兴奋；每当我们让别人开怀大笑，我们的大脑会涌出多巴胺，这是与愉悦、奖励相关的神经递质；每当身体的运动与他人协调或同步时，能让我们感到极乐和狂喜；如果我们受到了模糊的视觉刺激，会激起自己的好奇心，体验到一种名为"兴趣"的生物化学流。

持续不断的反馈

动机和合理的进度是满意工作的初始点。为了以满意的状态完成工作，我们需要尽可能直接、快速、生动地看到自己努力的结果，因为这些结果正面反映了我们的能力。玩《魔兽世界》时，玩家会为自己的生产力感到幸福，而工作是否真实并不重要，玩家看重的是它带来了实实在在的情绪奖励。

游戏里的工作提供了奖励和满足感，积累成就、完成工作能让玩家欣喜，但一次次的失败也同样让玩家活力百倍，因为它给了玩家下一次成功的希望。在玩精心设计的游戏时，失败并不会让玩家失望，它以一种非常特别的方式让我们开心，如兴奋，感兴趣，甚至乐观。"有趣的失败"能让玩家建立起超常的心理韧性。积极的感受和较强的能动感相结合，会让玩家再次尝试。积极的失败反馈，可以进一步强化我们对游戏结果的控制感。

在以目标为导向的环境中我们会得到控制感，从而带来强大的动力。而未能完成整个过程的强烈挫败感会促使"再来一次"欲望的产生。游戏设计给玩家这样一个信念：只要玩家拿出足够的时间和精力，每一项任务都可以完成，每一种难度都可以通过。如果没有积极的失败反馈，这种信念就容易破灭。"游戏要公平，有成功的机会，失败才会有趣。"令我们满足的工作就是：拥有一个可以立刻为之行动的明确目标以及生动直接的反馈。

游戏和游戏化能让我们的现实变得更加幸福

我们不能再片面地评价游戏，认为游戏是一个"玩物丧志"的事物，大众社会舆论认为游戏是和我们的学习工作对立的，我们不否认娱乐游戏会让部分玩家沉迷其中，但是游戏并不会让我们的社会扭曲和灭亡。相反，游戏用积极的情绪、积极的关注、积极的体验和积极的心态填充了我们现实的生活。

我们今天的生活存在各种各样的巨大挑战，就像游戏中的关卡。游戏的机制能帮助我们去战胜困难和完成挑战。如果我们把游戏和现实更好地结合在一起，设计出越来越多的功能性游戏，让我们在现实中面对最艰巨的挑战时也能保持乐观的心态，我们的世界和未来将会充满生机和希望。

思考与练习

围绕游戏设计师的责任，深入探讨游戏对个人和社会的影响，强调如何通过游戏实现积极的改变，让我们一起进行以下深入的思考与练习：

1. 游戏的双重影响

选择一款你熟悉的游戏，分析其对玩家的正面和负面影响。从情感维系、沟通联系、教育等方面讨论游戏如何影响玩家的心理和行为。思考游戏如何帮助玩家调节情绪、缓解压力或增强自信？游戏是否促进了玩家之间的社交互动和关系建立？

2. 游戏设计师的社会责任

思考游戏设计师在社会责任方面应承担的角色。列举实际案例，讨论游戏设计师如何在不牺牲娱乐性的前提下，承担社会责任并传递积极价值观。讨论游戏设计师应如何平衡娱乐性与社会责任？

3. 暴力与成瘾性的探讨

讨论游戏是否会导致玩家的暴力倾向或成瘾行为，以及设计师应如何应对这些问题。游戏中的暴力元素是否会对玩家的行为产生负面影响，为什么？是否有替代性的设计方案，既能保持游戏的吸引力，又能减少潜在的负面影响？

4. 游戏作为教育和改变的工具

设计一个游戏概念，旨在解决现实生活中的某个问题或传递重要的教育信息。阐述如何利用游戏的特点，如模拟关联体系，产生新的领悟和好奇心，来实现教育目的。

这些练习旨在引导你深入思考游戏设计师的责任，以及游戏对个人和社会的影响。通过实践和反思，你将更全面地理解如何设计出既有娱乐性又富有社会价值的游戏。

参 考 文 献

[1] 科斯特. 游戏设计快乐之道 [M]. 赵俐, 译. 北京: 人民邮电出版社, 2014.

[2] Jesse Schell. 游戏设计艺术 [M]. 刘嘉俊, 陈闻, 陆佳琪, 等译. 北京: 电子工业出版社, 2015.

[3] 丹·爱尔兰. 游戏制作人生存手册 [M]. 卢斌, 黄颖, 等译. 北京: 中国科学技术出版社, 2016.

[4] 简·麦戈尼格尔. 游戏改变世界 [M]. 闾佳, 译. 北京: 北京联合出版公司, 2016.

[5] 王亚晖. 游戏化思维: 从激励到沉浸 [M]. 北京: 人民邮电出版社, 2022.

[6] 简·麦戈尼格尔. 游戏改变人生 [M]. 闾佳, 译. 北京: 北京联合出版公司, 2018.

[7] 简·麦戈尼格尔. 游戏改变未来 [M]. 孙静, 译. 北京: 中国财政经济出版社, 2024.

[8] 卡尔 M. 卡普, 卢卡斯·布莱尔, 星奇·梅施. 游戏, 让学习高效 [M]. 陈阵, 译. 北京: 机械工业出版社, 2017.

[9] 卡尔 M. 卡普. 游戏, 让学习成瘾 [M]. 陈阵, 译. 北京: 机械工业出版社, 2015.

本书配套教学资源

　　感谢您选用清华大学出版社艺术、设计与美育系列图书。为了更全面地支持课程教学，丰富教学形式，我们为授课教师提供本书的教学辅助资源如下。

 授课教师扫码获取

同步课件　　　　　　教学大纲　　　　　　案例来源

 清华大学出版社

E-mail：tupfuwu@163.com　　　　网址：http://www.tup.com.cn/

电话：010-83470319　　　　　　邮编：100084

地址：北京市海淀区双清路学研大厦 B 座 508